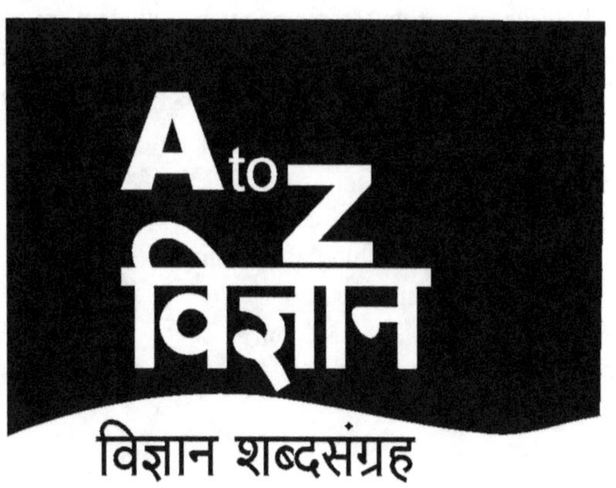

डी. एस्. इटोकर

© +91 020-24476924 / 24460313

Email : info@mehtapublishinghouse.com
        production@mehtapublishinghouse.com
        sales@mehtapublishinghouse.com

Website : www.mehtapublishinghouse.com

◆ *या पुस्तकातील लेखकाची मते, घटना, वर्णने ही त्या लेखकाची असून त्याच्याशी प्रकाशक सहमत असतीलच असे नाही.*

A TO Z VIDNYAN by D. S. ITOKAR

A TO Z विज्ञान : डी. एस्. इटोकर / विज्ञान शब्दसंग्रह

© डी. एस्. इटोकर
    वॉर्ड नं. ४, राऊतवाडी,
    मु. पो. ता. चिखली, जि. बुलढाणा.

प्रकाशक   : सुनील अनिल मेहता, मेहता पब्लिशिंग हाऊस,
                १९४१, सदाशिव पेठ, माडीवाले कॉलनी, पुणे – ४११०३०.

अक्षरजुळणी : इफेक्ट्स, २१/६ब, आयडिअल कॉलनी, कोथरूड, पुणे – ३८.

मुखपृष्ठ   : चंद्रमोहन कुलकर्णी

प्रकाशनकाल : नोव्हेंबर, २००७ / ऑगस्ट, २००९ / मे, २०१२ /
                पुनर्मुद्रण : ऑगस्ट, २०१५

ISBN for Printed Book 9788177668568
ISBN for E-Book 9788184988222

'याला काय म्हणतात?', 'त्याला काय म्हणतात?'
असे सतत प्रश्न विचारून भंडावून सोडणाऱ्या
माझ्या नाती
कु. शिवानी व **कु. कल्याणी**
यांच्यासारख्या सर्व बालवाचकांना.

— डी. एस्. इटोकर

कला म्हणजे सत्य, शिव आणि सुंदर यांचे संमेलन.

मनोगत

प्रत्येक गोष्ट अभ्यासून, पडताळूनच त्यावर लेखन करायचे या सवयीतून बाल विज्ञानप्रेमींसाठी मी अनेक विज्ञान खेळणी व प्रयोग असणारी पुस्तके लिहिली. बाल वाचकांचा त्यांना प्रचंड प्रतिसाद मिळाला. महाराष्ट्र शासनानेसुद्धा लागोपाठ तीन वर्षे उत्कृष्ट वाङ्मयनिर्मितीचे राज्य पुरस्कार देऊन गौरव केला.

विज्ञानातील प्रयोगशीलतेबरोबरच त्या विषयाचे ज्ञान असणे सुद्धा आवश्यक आहे. त्यामुळे प्रयोगशीलतेला पूर्णत्व प्राप्त होते. त्या उद्देशाने 'A to Z विज्ञान'ची निर्मिती झाली आहे.

५वी ते १०वीच्या विद्यार्थ्यांना इंग्रजी 'A' या आद्याक्षरापासून 'Z'पर्यंत विज्ञानविषयक जे शब्द अभ्यासक्रमात येतात. रोजच्या व्यवहारात अनेक गोष्टी पाहिल्या जातात, अभ्यासात अनेक सिद्धांत व उपकरणे अभ्यासली जातात. या सर्वांची माहिती प्रत्येकाला असणे आवश्यक आहे. म्हणूनच सर्व शब्दांची आद्याक्षरानुसार आवश्यक त्या ठिकाणी आकृती काढून समजण्यास सोपी अशी मांडणी केली आहे.

माझ्या इतर पुस्तकांप्रमाणेच विज्ञानप्रेमींना हे पुस्तकही नक्की आवडेल अशी खात्री आहे. श्री. सुनील अनिल मेहता यांनी हा 'विज्ञान शब्दसंग्रह' सर्वांगसुंदर तयार केला आहे. त्यांचे आभार मानल्याशिवाय हे मनोगत पूर्ण होणार नाही.

– डी. एस्. इटोकर

अनुक्रम

A

Acceleration due to Gravity : गुरुत्वाकर्षणीय त्वरण

जेव्हा एखाद्या वस्तूचा वेग बदलत जातो तेव्हा त्या वस्तूच्या गतीला 'त्वरणित गती' असे म्हणतात. एखाद्या मनोऱ्याच्या शिखरावरून जर लहानसा दगड खाली सोडला तर तो सरळ जमिनीवर येऊन पडतो. त्याच्या गतीला हवेचा विरोध होत असतो, परंतु हा विरोध नगण्य असल्यामुळे जणू काही तो दगड निर्वात जागेतून पडत आहे असे मानता येते. अशा गतीला 'मुक्त पतन' (free fall) असे म्हणतात. गुरुत्वीय परिमाण g या अक्षराने दाखवितात. त्याची दिशा पृथ्वीच्या केंद्रबिंदूच्या दिशेने असते. g चे सर्वांत जास्त मूल्य ध्रुवावर 9.83 m/s^2 व सर्वांत कमी विषुववृत्तावर 9.78 m/s^2 असते. पृथ्वी ध्रुवाजवळ चपटी आहे. त्यामुळे ध्रुवावरील वस्तूचे पृथ्वीच्या गुरुत्वमध्यापासूनचे अंतर सर्वांत कमी आहे, तर विषुववृत्तावरील अंतर सर्वांत जास्त आहे, म्हणून g चे सरासरी मूल्य 9.8 m/s^2 हे घेतले जाते.

Accumulator (Storage Battery) (ॲक्युमलेटर) : संचयी घट

याला संचयी घट म्हणतात. कोरड्या विद्युत्घटापासून मिळणारी विद्युत्धारा क्षीण असल्याने मोटारीसारख्या अवजड वाहनामध्ये ती पुरेशी ठरत नाही. संचयी घटात विद्युत्निर्मिती होत नाही. बाहेरील स्रोतापासून मिळालेली विद्युत्ऊर्जा त्यात साठविली जाते. संचयी घटात शिसे व लेड ऑक्साईड प्लेट्स सल्फ्युरिक आम्लात बुडवून ठेवलेल्या असतात.

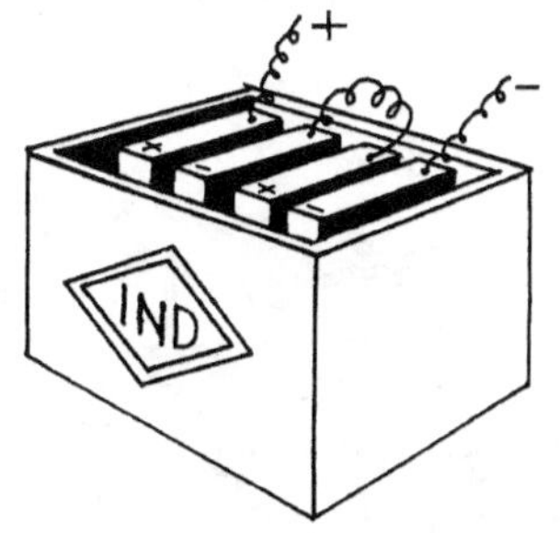

घटातील शिशाची प्लेट हा ऋण ध्रुव व लेड ऑक्साईड प्लेट धन ध्रुव असतो. बाहेरील स्रोताने हा घट प्रभारीत झाला की, वापरता येतो. संचयी घटातील रसायने

निष्क्रिय झाली की, त्यांना पुन्हा प्रभारीत करता येते; म्हणून हा घट दीर्घकाल कार्यक्षम राहतो. मोटारमध्ये वापरल्या जाणाऱ्या बॅटरीत एकाहून अधिक संचयी घटांचा संच असतो. अशा बॅटरीतून घटाच्या संख्येनुसार २ ते १८ व्होल्ट्स दाबाचा वीजप्रवाह मिळू शकतो.

Acid rain (ॲसिड रेन) : आम्ल पाऊस

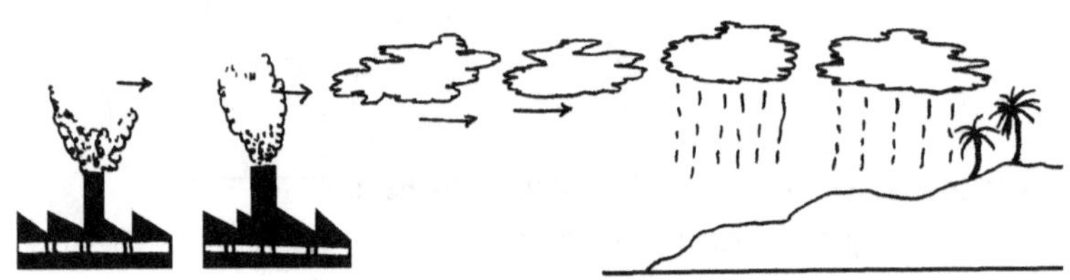

कारखान्याच्या धुरात सल्फर डाय ऑक्साईड व नायट्रोजन ऑक्साईड हे वायू असतात. हा धूर उंच धुराड्यातून हवेत सोडला जातो. हवेत वातावरणातील पाण्याची वाफ असते. त्या वाफेशी हे वायू संयोग पावतात व त्यांचे सल्फ्युरिक ॲसिड व नायट्रिक ॲसिडमध्ये रूपांतर होऊन त्याचे ढग बनतात. ह्या ढगांना थंड हवा लागली की, त्यांचे द्रवात रूपांतर होऊन सल्फ्युरिक ॲसिड किंवा नायट्रिक ॲसिडचा पाऊस पडतो. यालाच आम्ल पाऊस म्हणतात. आम्ल पावसामुळे पिके नाश पावतात. जलाशयाचे पाणी दूषित होऊन जलचर मरण पावतात. मनुष्य व इतर प्राण्यांना हा पाऊस हानिकारक असतो.

Aerial (एरियल) : हवेतील तार

रेडिओ प्रणालीतील एका भागाला एरियल म्हणतात. एका ठिकाणाहून रेडिओसाठी कार्यक्रम प्रसारित केले जातात. त्याच्या इलेक्ट्रोमॅग्नेटीक लहरी वातावरणात सोडल्या जातात. ह्या लहरींना ग्रहण करून त्यांना रेडिओ रिसीव्हरकडे पाठविण्याचे काम एरियल करते. ह्या लहरी रेडिओत गेल्यानंतर त्यांचे ध्वनीत रूपांतर होते व प्रसारित केलेला कार्यक्रम रेडिओतून ऐकू येतो. पूर्वीच्या काळी घराच्या वर दोन चिनीमातीचे रोधक बसवून त्यांना लांबलचक एरियल लावलेले असायचे. हल्ली एकात एक सरकणाऱ्या बारीक नळ्यांचे एरियल वापरतात. काही रेडिओंना आतमध्येच एरियल बसविलेले असते.

Alcohol Thermometer (अल्कोहोल थर्मामीटर)

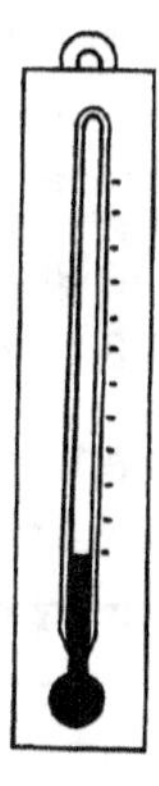

कमी तापमान असणाऱ्या पदार्थांचे तापमान मोजण्यासाठी हे थर्मामीटर वापरतात. अगदी बारीक व्यास असणारे छिद्र असलेली नळी ह्यात वापरलेली असते. नळीच्या एका टोकाला एक फुगा तयार केलेला असतो. ह्यात सहज दिसावे म्हणून लाल रंगाचे अल्कोहोल भरलेले असते. नळीचे वरचे टोक वितळवून बंद केलेले असते. नळीवर तापमानाच्या खुणा केलेल्या असतात. एखाद्या गरम वायुरूप किंवा द्रवरूप पदार्थात थर्मामीटर फुगा बुडवून ठेवला, तर उष्णतेमुळे फुग्यातील अल्कोहोल प्रसरण पावून वरच्या नळीत सरकते. ते स्थिर झाल्यावर तेथील खूण पाहून त्या पदार्थाचे तापमान किती आहे ते कळते.

Alternating Current (अल्टरनेटिंग करंट) : प्रत्यावर्ती प्रवाह

हा प्रवाही विद्युतचा प्रकार आहे. याला ए.सी. असेही म्हणतात. विद्युत्वाहक तारेतून वाहणारा प्रवाह वारंवार आपली वाहण्याची दिशा उलट सुलट बदलत असतो. म्हणून याला सेकंदात ५० वेळा उलट सुलट दिशेने वाहणारा विद्युत्प्रवाह वापरला जातो. म्हणून त्याला ५० सायकलचा विद्युत्प्रवाह म्हणतात. हा वीजप्रवाह **P** या खुणेने दाखवितात. आपण घरात किंवा दुकानात वापरतो तो अल्टरनेटिंग करंटच असतो. काही विशिष्ट कामासाठी याचे डायरेक्ट करंट (D.C.) मध्ये रूपांतर करून घ्यावे लागते.

Ammeter (ॲम्मीटर) : प्रवाहमापक

हे विद्युत्प्रवाह मोजण्याचे एक उपकरण आहे. हे उपकरण विद्युत्मंडळात साखळी पद्धतीने जोडले जाते. तारेतून वाहणाऱ्या विद्युत्प्रवाहामुळे तयार झालेल्या विद्युत्चुंबकीय क्षेत्रात नरम लोखंडाची लहान पट्टी ठेवलेली असते. तिला एक दर्शक जोडलेला असतो. कमी जास्त विद्युत्प्रवाहामुळे ही लोखंडी पट्टी कमी जास्त प्रमाणात विचलित होते व दर्शक पुढे मागे सरकतो. दर्शक ज्या वर्तुळाकार मोजपट्टीवर फिरतो तेथील अंक वाचून किती प्रवाह वाहत आहे याचे ज्ञान होते.

Ampere law : ॲम्पीअरचा नियम

एका तारेतून विद्युत्प्रवाह वाहत असताना त्या प्रवाहाने एका विशिष्ट बिंदूवर प्रवर्तित केलेले चुंबकीय क्षेत्र हे, विद्युत्प्रवाह व त्या तारेची लांबी यांच्या गुणाकाराच्या समप्रमाणात व तारेपासून त्या विशिष्ट बिंदूच्या अंतराच्या वर्गाच्या व्यस्त प्रमाणात असते.

Amplilfier (ॲम्प्लीफायर) : वर्धक

रेडिओ, दूरचित्रवाणी, लाऊड स्पीकर यांच्या प्रणालीतील हे एक यंत्र आहे. अतिसूक्ष्म लहरी ग्रहण केल्यानंतर त्यांचे मोठ्या क्षमतेच्या विद्युत्चुंबकीय लहरीत या यंत्राद्वारे वर्धन केले जाते. नंतर त्या लहरी लाऊड स्पीकरकडे पाठविल्या जातात. तेथे विद्युत्चुंबकीय लहरींचे ध्वनी लहरींत रूपांतर होऊन मोठा आवाज ऐकू येतो.

Anemometer (ॲनेमोमीटर) : वेगमापक यंत्र

वाहणाऱ्या हवेचा किंवा द्रवाचा वेग मोजण्यासाठी हे यंत्र वापरतात. उभ्या आसाभोवती वाट्या बसविलेले चक्र बसविलेले असते. हवेच्या झोतामुळे हे चक्र फिरते. दर मिनिटाला होणारे वेढे मोजून त्यावरून वाऱ्याचा वेग मोजतात. इमारतीच्या वरच्या उंच टोकावर हे यंत्र बसविलेले असते. द्रव पदार्थाचा वेग मोजण्यासाठी हे यंत्र द्रव वाहून नेणाऱ्या पाइपच्या आत बसविलेले असते.

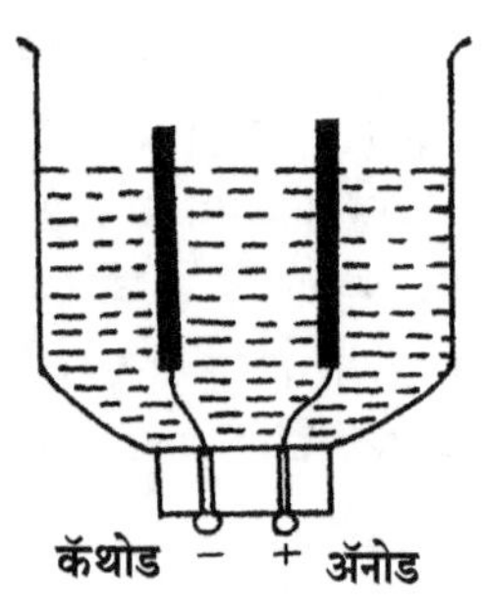

Anode (ॲनोड) : धनध्रुव

विद्युत् पृथ:करण करण्याच्या यंत्रात दोन ध्रुव असतात. त्यांपैकी धनप्रभार ज्या ध्रुवाला दिला जातो त्याला धनध्रुव म्हणतात. ऋणध्रुवापेक्षा याचा विद्युत्दाब जास्त असतो. विद्युतऊर्जा तयार करणाऱ्या घटात धनध्रुवाचा विद्युत्दाब जास्त असतो, म्हणून घटाच्या बाहेर धनध्रुवाकडून ऋणध्रुवाकडे विद्युत्प्रवाह वाहतो.

Aperture (ॲपरचर) : छिद्र

प्रकाशीय यंत्रात, जसे– कॅमेरा, एन्लार्जर यांमध्ये काही विशिष्ट प्रकाश कमी-जास्त सोडावा लागतो. त्यासाठी पाकळ्या पाकळ्यांचे एक चक्र असते. ह्या पाकळ्या फिरवून त्यांच्या मध्यभागी तयार होणारे छिद्र लहान-मोठे करता येते. ह्या प्रणालीला ॲपरचर असे म्हणतात. कॅमेऱ्यात हे 22, 16, 11, 8, 5.6, 4.5, 3.5, 2, 1.7 या अंकांनी दर्शविलेले असत.

Aqua-regia (ॲक्वा-रेजीया) : आम्लराज

बरेच पदार्थ ॲसिडमध्ये विरघळतात, पण काही पदार्थ असे असतात, की ते ॲसिडमध्येसुद्धा विरघळत नाहीत. अशा पदार्थांना विरघळवण्यासाठी आम्लराज वापरतात. हायड्रोक्लोरिक ॲसिड ३ भाग व नायट्रिक ॲसिड १ भाग घेऊन त्याचे मिश्रण केले की आम्लराज तयार होते. फार मोठ्या प्रमाणात क्षरण करण्याचा याचा

गुणधर्म आहे. आम्लराजात सोने व प्लॅटिनम यांसारखे धातूही विरघळतात.

Aquarium (ॲक्वेरियम) : मत्स्यालय

पाणवनस्पती, मासे, कासव किंवा इतर जलचर ठेवण्यासाठी याचा उपयोग करतात. ही एक काचेची चौकोनी पेटी असते. हिचा वरचा भाग मोकळा असतो किंवा त्यावर सैलसर झाकण ठेवलेले असते. ह्या पेटीत तळाशी वाळू भरून काही पाण्यात वाढणाऱ्या वनस्पती लावतात. नंतर त्यात पाणी भरतात व त्यात छोटे छोटे जिवंत रंगीत मासे सोडतात. ह्या पेट्या लहान मोठ्या आकाराच्या असतात. दिवाणखान्याची शोभा वाढविण्यासाठी, प्रयोगशाळेत, पर्यटनस्थळी ह्या पेट्या ठेवतात.

Archimede's Principle : आर्किमिडीजचे तत्त्व

ख्रिस्तपूर्व ३३२ साली आर्किमिडीज या विख्यात शास्त्रज्ञाने हे तत्त्व शोधून काढले. 'घन पदार्थ द्रवात अंशत: किंवा पूर्णत: बुडल्यास तो त्याच्या द्रवात बुडालेल्या आकारमानाएवढा द्रव बाजूला सारतो. या वेळी पदार्थाच्या वजनात घट होते, ही घट पदार्थाने बाजूला सारलेल्या द्रवाच्या वजनाएवढी असते.'

Armature (आर्मेचर) : वेटोळे

वीज तयार करण्याच्या डायनामो नामक यंत्रात तसेच विद्युत्‌शक्तीचे यांत्रिक शक्तीत रूपांतर करणाऱ्या 'मोटार' नामक यंत्रात आर्मेचर असते. एका विशिष्ट पद्धतीने रोधीत तांब्याची तार गुंडाळून हे

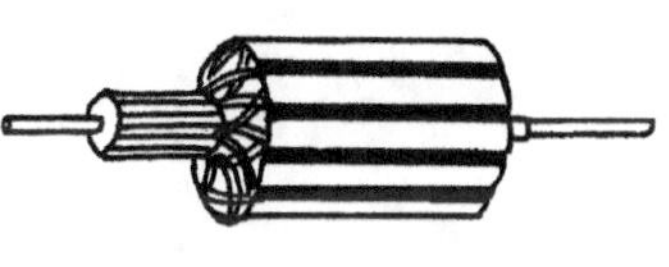

वेटोळे तयार केलेले असते. डायनामोमध्ये हे वेटोळे यांत्रिक शक्तीने फिरवितात. त्यामुळे वेटोळ्यात विद्युत्प्रवाह तयार होतो. मोटारमध्ये असलेल्या वेटोळ्यात विद्युत्प्रवाह सोडण्यात येतो त्यामुळे वेटोळे फिरू लागते व यांत्रिक शक्ती निर्माण होते.

Atmosphere (ॲटमॉसफिअर) : वातावरण

पृथ्वीच्या सभोवती असणाऱ्या हवेच्या आवरणाला वातावरण म्हणतात. ह्या हवेच्या आवरणात 78% नायट्रोजन वायू, 21% ऑक्सीजन वायू, 0.95% ऑरगान वायू, तसेच 0.04% कार्बनडायऑक्साईड वायू, 0.002% निऑन वायू, 0.0005%

हेलीयम वायू, 0.0001% क्रिप्टॉन वायू, 0.0001% झिनान वायू आणि इतर वायू फारच अल्प प्रमाणात आहेत.

Atom (ॲटम) : अणू

पदार्थाच्या अतिसूक्ष्म कणाला अणू म्हणतात. हा कण रासायनिक अभिक्रियेत भाग घेण्यास कार्यक्षम असतो.

B

Balance (बॅलन्स) : तराजू

पदार्थाचे वस्तुमान मोजण्यासाठी ह्याचा उपयोग करतात. यामध्ये एक दांडा आडवा असतो. त्याच्या मध्यभागी एक दर्शक काटा असतो. दांड्याच्या दोन्ही टोकांना दोन समान वजनाची पारडी टांगलेली असतात. ज्या पदार्थाचे वस्तुमान मोजावयाचे आहे तो पदार्थ डाव्या पारड्यात ठेवतात व उजव्या पारड्यात वजने टाकीत जातात. ज्या पारड्याचे वजन जास्त असते त्या दिशेकडे दांड्याचा दर्शक काटा झुकतो. तो मध्यभागी आला म्हणजे दोन्ही पारड्यांतील वजने सारखी झाली असे समजतात. ज्यावेळी दांडा क्षितिज पातळीत असतो त्यावेळी दोन्ही पारड्यांना खाली ओढणारे गुरुत्वबल समान असते.

Barometer (बॅरॉमीटर) : हवेचा दाबमापक यंत्र

याला वायूभारमापक यंत्र असे सुद्धा म्हणतात. पृथ्वीभोवती असणाऱ्या वातावरणाचा दाब मोजण्यासाठी याचा उपयोग करतात. एक मीटर लांबीच्या काचेच्या पोकळ नळीचे एक तोंड वितळवून बंद केलेले असते. त्यात पारा भरून उघडे टोक पाण्याने भरलेल्या वाटीत बुडविलेले असते. अशा प्रकारे पाण्याच्या वाटीत ही नळी उभी असताना नळीतील काही पारा खाली सरकतो. रिकाम्या निर्वात जागेला 'टॉरिसेलीचा निर्वात प्रदेश' असे म्हणतात. पारा स्थिर झाल्यावर वाटीतील पाण्याच्या पृष्ठभागापासून नळीतील पाण्याच्या वरच्या पृष्ठभागापर्यंत उंची मोजतात. ही उंची त्या ठिकाणचा

हवेचा दाब असतो. समुद्रसपाटीवर हवेचा दाब 760 मि.मी. एवढा असतो.

Battery (बॅटरी)

विद्युत्प्रवाह ज्यातून मिळतो असे दोन किंवा जास्त विद्युत्घट एकमेकांना जोडले की, बॅटरी तयार होते. ह्या घटांची जोडणी दोन प्रकारांनी करतात. (१) साखळी पद्धत (२) समांतर पद्धत. जेव्हा घट साखळी पद्धतीने जोडले जातात त्यावेळी बॅटरीचा

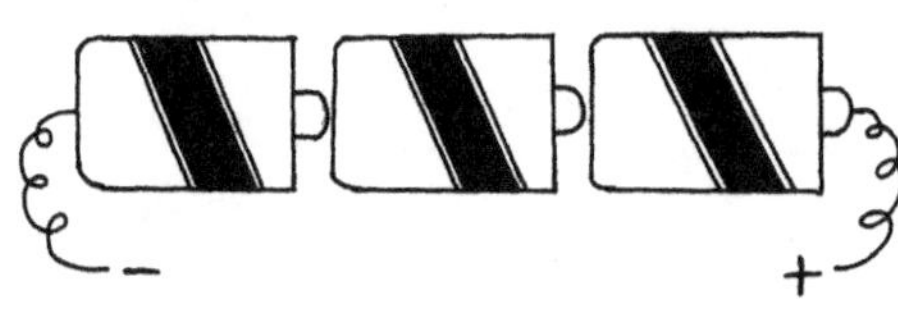

विद्युत्दाब घटाच्या दाबाच्या एकूण बेरजेएवढा असतो. जेव्हा घट समांतर जोडलेले असतात तेव्हा बॅटरीचा एकूण दाब एका घटाच्या दाबाइतका असतो. पण विद्युत्प्रवाह मात्र वाढलेला असतो.

Biconcave lens (बायकॉन्केव्ह लेन्स) : उभयांतर्गोल भिंग

प्रकाशीय उपकरणात जी काचेची भिंगे वापरतात त्यातील हा भिंगाचा प्रकार आहे. गोल काचेच्या भिंगाचा मध्यभाग हा परिघाकडील भागापेक्षा कमी जाडीचा असेल तर त्याला उभयांतर्गोल भिंग म्हणतात. हे भिंग मध्यभागी दोन्ही बाजूंनी खोलगट असते.

Biconcave lens

Bifilar winding (बायाफिलर वाईंडिंग) : दुहेरी गुंडाळी

एखादा रोधक तयार करताना रोधक तारेचे वेढे द्यावे लागतात. अशा वेळी गुंडाळलेल्या रोधक तारेतून वीजप्रवाह वाहू लागताच; त्यात चुंबकीय गुणधर्म निर्माण होतो. हा गुणधर्म जर अनावश्यक असेल तर रोधक तारेला घडी पाडून तिचे वेढे देतात, त्यामुळे हे वेटोळे एकदा चुंबकीय

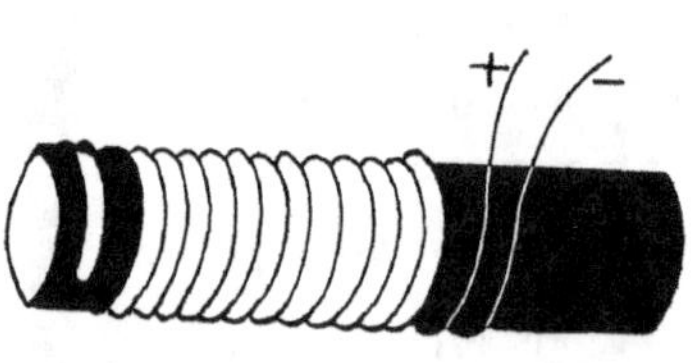

गुणधर्म तयार करते व दुसऱ्या वेटोळ्यातून प्रवाह उलटा वाहत असल्याने अगोदर आलेले चुंबकत्व नष्ट होते. परिणामी रोधक कोणताच चुंबकीय परिणाम दाखवित नाही.

Binoculor (बायनॉक्युलर) : दोन डोळ्यांची दुर्बीण

नेहमीच्या वापराच्या दुर्बिणीमध्ये एकच नळकांडे असून एक डोळा बंद करून त्यातून पाहत असतात. बायनॉक्युलर नावाच्या दुर्बिणीला अगदी सारखी दोन नळकांडी असतात. त्यांच्या आत भिंगे बसविलेली असतात. दोन्ही डोळे उघडे ठेवून यात पाहावे लागते. दूरच्या वस्तूची, प्राण्यांची प्रतिमा यात अगदी जवळ दिसते. यातील दृश्य

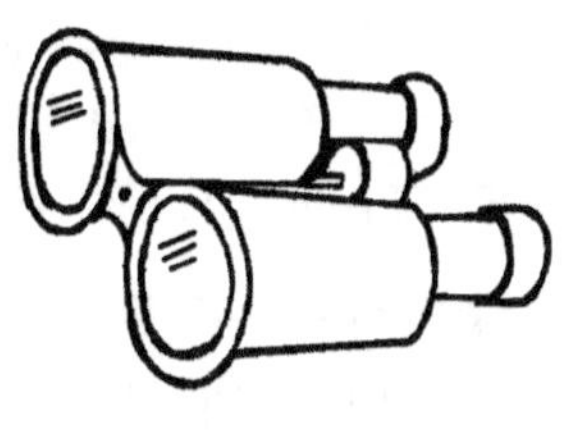

सरळ दिसते हे याचे वैशिष्ट्य आहे. जंगलातील वन्य प्राणी, पक्षी तसेच दूरचे सामने पाहाण्यासाठी याचा उपयोग होतो. त्याला असणाऱ्या एका स्क्रूद्वारे प्रतिमा स्पष्ट व रेखीव करता येते. काही बायनॉक्युलर्समध्ये त्रिकोनी प्रिझम वापरलेले असतात.

Bioscope (बायोस्कोप) : सिनेमाचे यंत्र

सिनेमागृहात चलचित्रपट दाखविण्यासाठी जे यंत्र वापरतात त्याला बायोस्कोप म्हणतात. या यंत्रात एका सेकंदात १६ ते २० चित्रचौकटी भिंगासमोरून जात असतात. एक चित्रचौकट पुढे गेल्यावर क्षणभर अंधार पडून दुसरी चित्रचौकट पडद्यावर उमटते व क्रिया सतत चालू असल्यामुळे पडद्यावरील चित्रे हालचाल करताना दिसतात.

Biosphere (बायोस्फिअर) : जीवावरण

पृथ्वीवरील ज्या भागावर जमीन, पाणी आणि हवा यांच्या सान्निध्यात जीव राहतात, त्यांच्या आवरणाला जीवावरण असे म्हणतात. जमीन व पाणी यांच्या सान्निध्यात जलचर जसे मासे, बेडूक, निरनिराळे कीटक पाणपक्षी राहतात. हवेत व जमिनीवर पक्षी राहतात. जमिनीत बिळे करून विविध प्रकारचे कृमी राहतात. हे सर्व मिळून जीवावरण तयार होते.

Black body (ब्लॅक बॉडी)

ज्या पदार्थावर प्रकाशाचे किरण पडतात व त्यांपैकी एकही किरण बाहेर पडत नाही– सर्व किरणे त्यात शोषली जातात अशा पदार्थाला ब्लॅक बॉडी म्हणतात.

Black Hole (ब्लॅक होल) : कृष्ण विवर

अवकाशात असणारा एखादा तारा आकुंचन पावू लागतो. त्यावेळी त्याची गुरुत्वाकर्षण शक्ती खूप वाढते. ती इतकी वाढते की, त्या ताऱ्याच्या परिघाला

मध्यबिंदूकडे ओढते. याचा परिणाम असा होतो की, ताऱ्याचे आकारमान कमी होत जाते; पण गुरुत्वाकर्षण शक्ती मात्र वाढत जाते. शेवटी तारा आकुंचन पावून दिसेनासा होतो, तरी त्याची गुरुत्वाकर्षण शक्ती वाढलेलीच राहते. ह्या ताऱ्यातून कोणत्याच प्रकारचा प्रकाश बाहेर पडत नाही. ह्या ताऱ्याच्या गुरुत्वाकर्षण शक्तीच्या कक्षेत येणाऱ्या कोणत्याही वस्तूला हा तारा ओढतो व नष्ट करतो.

Blind Spot (ब्लाइंड स्पॉट) : अंध बिंदू

एखाद्या वस्तूपासून परावर्तित झालेली प्रकाश किरणे डोळ्यांच्या बाहुलीतून आत जाऊन रेटीना नामक पडद्यावर पडतात. त्याची संवेदना मज्जातंतूद्वारे मेंदूपर्यंत जाऊन त्या पदार्थाचे आपणास ज्ञान होते. रेटीनावर एका विशिष्ट ठिकाणी ब्लाइंड स्पॉट असतो. त्यावर पडलेल्या प्रकाशाची संवेदना मेंदूपर्यंत जात नाही व त्यामुळे आपणास त्या पदार्थाचे ज्ञान होत नाही. म्हणजेच तो पदार्थ आपणास असून दिसत नाही.

Blotting Paper (ब्लॉटींग पेपर) : टिपकागद

हा कागदाचा एक प्रकार आहे. हा खरखरीत व जाड असतो. तसेच तो ठिसूळ व फुसका असतो. ह्याच्यावर द्रव पदार्थाचा एक थेंब जरी पडला तरी तो ताबडतोब कागदात ओढला जातो व कागदावर पसरतो. प्रयोगशाळेत द्रव पदार्थ गाळण्यासाठी याचा उपयोग करतात. शाईने कागदावर लिहिले तरी ती पसरू नये म्हणून हा कागद लिहिलेल्या मजकुरावर दाबतात. त्यामुळे जास्तीची शाई ओढून घेतली जाते.

Blow Pipe (ब्लो पाईप) : फुंक नळी

पेटलेल्या ज्योतीला अगदी टोकदार बनविण्यासाठी ह्या नळीचा उपयोग करतात. सुवर्णकार लोक दागिने तयार करताना एका मोठ्या दिव्याच्या ज्योतीवर बारीक छिद्र असलेली नळी धरून तिच्या दुसऱ्या टोकाकडून तोंडाने हवा फुंकतात. त्यामुळे जास्त उष्णता देणारी टोकदार ज्योत तयार होते. ऑक्सिजन व ॲसिटिलीन वायूची ज्योत वेल्डींग करताना वापरतात. ह्या वायूचे मिश्रण एका टोकदार नळीतून बाहेर पडते. ते पेटविल्यानंतर निळ्या रंगाची व उच्च तापमानाची ज्योत तयार होते. ह्या ज्योतीने धातू विरघळतात. तसेच धातूच्या वस्तू जोडण्यासाठी हिचा उपयोग होतो.

Boiling point (बॉइलिंग पॉईंट) : उत्कलन बिंदू

साधारण हवेच्या दाबात एखादा द्रव पदार्थ तापविल्यामुळे ज्या विशिष्ट तापमानावर

उकळू लागतो, त्या तापमानाला त्या द्रवाचा उत्कलन बिंदू म्हणतात. शुद्ध पाणी १००°C वर उकळू लागते– म्हणजेच पाण्याचा उत्कलन बिंदू १००°C आहे असे म्हणतात. निरनिराळ्या द्रव पदार्थांचे उत्कलन बिंदू निरनिराळे असतात.

Boyl's law (बॉईल्स लॉ) : बॉईलचा नियम

रॉबर्ट बॉईल नावाच्या शास्त्रज्ञाने वायूचा दाब व आकारमान यांचा संबंध दाखविणारा हा नियम शोधून काढला. म्हणून याला बॉईलचा नियम म्हणतात. 'तापमान स्थिर असताना एका निश्चित वस्तुमानाच्या वायूचे आकारमान हे त्यावर असणाऱ्या दाबाच्या व्यस्त प्रमाणात असते.' हा तो नियम होय. म्हणजेच वायूवरील दाब वाढला तर आकारमान कमी होते व दाब कमी झाला तर आकारमान वाढते. हे पुढील समीकरणाने दाखविता येते.

$$PV = \text{Constant}$$

Bromide paper (ब्रोमाईड पेपर)

फोटोग्राफीच्या व्यवसायात फोटो छापण्यासाठी याचा उपयोग होतो. यावर एका बाजूने सिल्व्हर ब्रोमाईडचा लेप दिलेला असतो. ह्या लेपावर लाल रंगाचा परिणाम होत नाही. पांढरा प्रकाश आणि इतर रंगीत प्रकाशांचा यावर परिणाम होतो व प्रकाश लागलेला भाग काळा पडतो. निगेटिव्हवरून पॉझिटिव्ह फोटो याच कागदावर तयार केले जातात. निगेटिव्हमधून यावर प्रकाश पाडल्यानंतर लाल प्रकाशात हा कागद डेव्हलपरमध्ये धुवावा लागतो तेव्हा त्यावर पॉझिटिव्ह फोटो उमटतात. उमटलेला फोटो पक्का करण्यासाठी ह्या कागदाला हायपोच्या द्रावणात बुडवावे लागते.

Brush (ब्रश)

अशा प्रकारचे ब्रश इलेक्ट्रिक मोटार आणि डायनामोमध्ये वापरतात. यंत्राच्या स्थिर भागातून फिरणाऱ्या भागात विद्युत्प्रवाह पाठविण्यासाठी यांचा उपयोग होतो. फिरणारा भाग हा ब्रशला घासून फिरतो. ब्रश कार्बनच्या कांड्यांचे बनविलेले असतात.

Bunsen burner (बुन्सेन बर्नर)

प्रयोगशाळेत पदार्थ तापविण्यासाठी ह्याचा उपयोग करतात. यामध्ये इंधन म्हणून गॅसचा वापर करतात. एका बैठकीवर पितळेची लांब नळी बसविलेली असते. तिच्या पायथ्याशी गॅस आणणारी नळी जोडलेली असते. थोड्या वरच्या बाजूला नळीवर

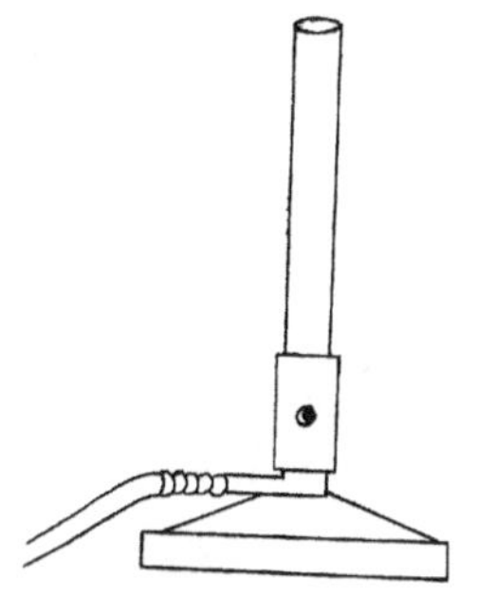

फिरणारी टोपी असते. तिला एक छिद्र असते. टोपी फिरवून छिद्र लहान मोठे करता येते व आतमध्ये हवा कमी-जास्त प्रमाणात सोडता येते. नळीच्या वरच्या टोकावर गॅस पेटत असतो. हवेचे प्रमाण कमी-जास्त करून ज्योतीची तीव्रता कमी-जास्त करता येते.

Burette (ब्युरेट)

एका काचेच्या लांब नळीवर घन सेंटीमीटरच्या खुणा केलेल्या असतात. नळीचे वरचे तोंड मोकळे असते. खालचे तोंड निमुळते असते. ह्या टोकाला काचेची कळ असते. ती फिरवून नळीतील द्रव पदार्थ थेंब थेंब किंवा जोराने सोडता येतो. ह्या नळीने एकमेकांत मिसळलेले दोन द्रव पदार्थ अलग करता येतात. तसेच उदासीकरणाच्या प्रयोगात हिचा उपयोग होतो.

C

Callipers (कॅलिपर्स) : एक उपकरण

दंडगोलाकार भांड्याचा किंवा पोकळ काचेच्या नळीचा बाहेरील व्यास तसेच आतील व्यास मोजण्यासाठी हे उपकरण वापरतात. धातूच्या एका चपट्या पट्टीवर आकडे लिहिलेले असतात. त्यावर सरकणारी एक पट्टी असते. दोन पट्ट्यांतील अंतर कमी-जास्त करता येते.

Calorie (कॅलरी) : उष्णतेचे माप

हे उष्णतेचे परिमाण आहे. एक ग्रॅम पाण्याचे तापमान १°C ने वाढविण्यासाठी जी उष्णता लागते तिला १ कॅलरी उष्णता म्हणतात. १००० कॅलरी मिळून १ किलो कॅलरी होते. १ कॅलरी ४.२ ज्यूल इतकी असते.

Calorimeter (कॅलरीमीटर) : उष्णतामापक यंत्र

एखाद्या द्रव पदार्थात किती उष्णता शोषली गेली, किती उष्णता द्रवाच्या बाहेर पडली किंवा किती उष्णता बदलली गेली याचे मोजमाप करण्याचे हे उपकरण आहे.

Camera (कॅमेरा) : प्रतिमाग्राहक यंत्र

हे एक प्रकाशीय उपकरण आहे. ह्याच्या साहाय्याने फोटोची निगेटिव्ह तयार होते. ही एक प्रकाशबंद काळ्या रंगाची पेटी असते. तिच्या समोरच्या बाजूला एक बाह्यगोल भिंग बसविलेले असते. त्याचे छिद्र उघडे व बंद करण्याची व्यवस्था असते. मागच्या बाजूला आतून प्रकाशाला संवेदन असणारी फिल्म असते. भिंगातून येणाऱ्या प्रकाशामुळे हिच्यावर प्रतिमा तयार होते. फिल्म धुतल्यानंतर तिची निगेटिव्ह बनते. साध्या बॉक्स कॅमेऱ्यापासून ते खूप भारी डिजिटल कॅमेऱ्यापर्यंत ह्यात प्रगती झाली आहे.

Candle Wax (कँडल वॅक्स) : मेणबत्तीचे मेण

पॅराफिनच्या कारखान्यात तयार होणारा हा एक पदार्थ आहे. सामान्य तापमानावर हा घट्ट असतो. थोडी उष्णता लागली की मेण वितळण्यास सुरुवात होते व त्याचे द्रवात रूपांतर होते. मेणबत्त्या तयार करण्यासाठी ह्याचा उपयोग होतो. मेणबत्ती जास्त ओघळू नये म्हणून थोड्या प्रमाणात यात मधमाशांचे मेण टाकतात. वितळलेले मेण साच्यात ओतून त्यापासून निरनिराळ्या आकाराच्या मेणबत्त्या तयार करतात, पुतळे तयार करतात. लोखंडी पत्र्याच्या पणत्या तयार करून व त्यात वात आणि मेण भरून दिवाळीला पणत्या म्हणून उपयोग करतात.

Cane sugar (केन शुगर) : साखर

साखर सर्वांच्या परिचयाची गोड वस्तू आहे. चहा, कॉफी, मिठाई तयार करण्यास हिचा मोठ्या प्रमाणात वापर होतो. ही उसाच्या रसापासून कारखान्यात तयार करतात. चवीला गोड, चौकोनी स्फटिक असलेली साखर रंगाने पांढरी शुभ्र असते. हिला सुक्रोज असेही म्हणतात. हिचे रासायनिक सूत्र $C_{12}H_{22}O_{11}$ हे आहे. मधुमेह झालेल्या व्यक्तीला साखर खाणे वर्ज्य असते. फळापासून मिळणारी साखर उत्साहवर्धक व तरतरी आणणारी असते.

Capacitor (कॅपॅसिटर) : धारक

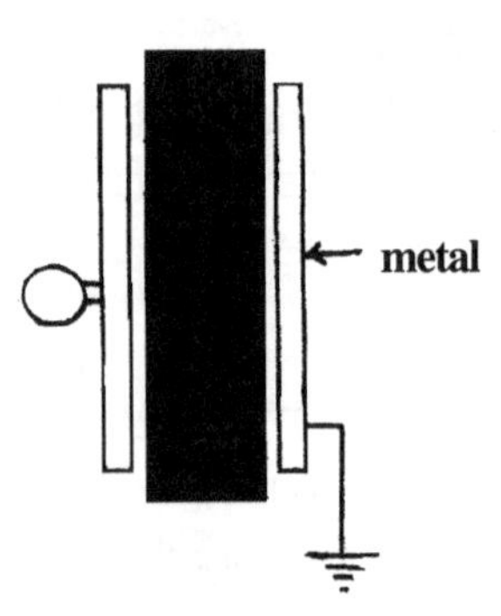

ह्याला कंडेन्सर असेही म्हणतात. दोन सारख्या आकाराच्या धातूच्या चौकोनी पट्ट्या घेऊन त्यांच्यामध्ये रोधक पदार्थाचा पडदा ठेवतात. त्यांपैकी एका पट्टीला विद्युत्‌भारीत करतात व दुसरीला भूसंपर्क तार जोडतात. त्यामुळे पट्ट्यांत विद्युत्‌भार जमा होतो. विद्युत्‌भारीत पट्ट्या तारेने एकमेकींना जोडल्यास ठिणगी पडते. लेडन जार हा कंडेन्सरचाच एक प्रकार आहे. याचा उपयोग निरनिराळ्या विद्युत्‌उपकरणांत केलेला असतो.

Capillary Action (कॅपिलरी ॲक्शन) : केशाकर्षण

पदार्थाच्या कणात अतिसूक्ष्म पोकळी असते. ह्या पोकळ्यांचे जाळे पूर्ण पदार्थात पसरलेले असते. हा पदार्थ अंशतः एखाद्या द्रवात बुडविला तर ह्या

पोकळ्यांमध्ये द्रव पदार्थ ओढला जातो. एका पोकळीतून शेजारच्या पोकळीत असा प्रवास करीत हा द्रव पदार्थ मूळ द्रवाची पातळी ओलांडून वर चढतो व चढत चढत शेवटी त्या पदार्थाच्या वरच्या टोकापर्यंत पोहोचतो– यालाच केशाकर्षण म्हणतात. दिव्याच्या वातीत तेल वर चढणे, खडूच्या कांडीत पाणी चढणे, जमिनीच्या कणात पाणी पसरणे ह्या सर्व केशाकर्षणाच्या क्रिया आहेत.

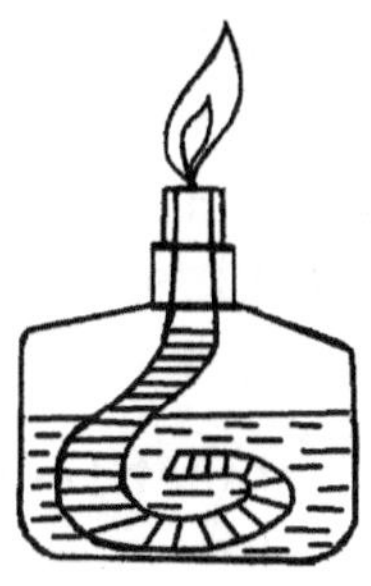

Carbon Black (कार्बन ब्लॅक) : काजळी

ज्या पदार्थात कार्बनचे प्रमाण अधिक आहे, उदा. रबर, प्लॅस्टिक, टरपेंटाईन असे पदार्थ ऑक्सिजनच्या अपूर्ण पुरवठ्यात जाळले म्हणजे ते अर्धवट जळतात व त्यांचा काळाकुट्ट असा घट्ट धूर निघतो. हा धूर घोंगड्यावर जमा केला की, त्याचा जाड थर तयार होतो. ह्यालाच काजळी म्हणतात. ह्या काजळीचा उपयोग रंगद्रव्ये, पॉलिश तयार करण्यासाठी होतो. कॅमेरा, दुर्बीण अशा प्रकाशीय उपकरणांना रंग देण्यासाठी व प्रयोगशाळेतसुद्धा याचा उपयोग होतो.

Carbon Cycle (कार्बन सायकल) :
कार्बन चक्र

वातावरणात कार्बनडायऑक्साईड वायू असतो. तो शोषून घेण्यासाठी सूर्यप्रकाशाची आवश्यकता असते. सूर्यप्रकाशात वनस्पती हा वायू शोषून घेतात व प्रकाशसंश्लेषणक्रियेमुळे आपले अन्न तयार करतात. त्यावर ह्या वनस्पती वाढतात. प्रकाश-संश्लेषणक्रियेत ऑक्सिजन वायू मोकळा होतो. तो हवेत मिसळून वातावरणात जातो. इतर सजीव प्राणी वनस्पती भक्षण करतात. त्यामुळे कार्बन वनस्पतीकडून सजीवाकडे येतो. सजीव मरण पावल्यावर सूक्ष्म-सूक्ष्म जीवजंतूंद्वारे त्यांच्या शरीरांचे विघटन होऊन कार्बनडायऑक्साईड वातावरणात मिसळतो. सजीवांच्या उच्छ्वासावाटेसुद्धा कार्बनडायऑक्साईड वातावरणाकडे परत येतो. अशा प्रकारे कार्बन-चक्र फिरत असते.

Carbon Dioxide (कार्बन डाय ऑक्साईड) CO_2

याला कर्बद्विप्राणिल वायू असेही म्हणतात. हा रंगहीन, चवहीन व वासरहित

वायू आहे. कार्बनची ऑक्सिजनशी अभिक्रिया होऊन हा वातावरणात मिसळतो.

वातावरणातील कार्बनडायऑक्साईड वायूमुळे वनस्पतीची वाढ होते. हा वायू –76°C वर गोठतो. ह्याचा शीतक म्हणून उपयोग होतो. गोठलेल्या कार्बन-डाय-ऑक्साईडला कोरडा बर्फ म्हणतात. आग विझविण्याच्या यंत्रात ह्या वायूचा उपयोग केलेला असतो.

Carburettor (कार्ब्यूरिटर) : एक यंत्र

पेट्रोलवर चालणाऱ्या अंतर्ज्वलन इंजिनमध्ये हे उपकरण बसविलेले असते. हवा आणि पेट्रोल यांचे योग्य प्रमाणात मिश्रण करून नंतर ते इंजिनमध्ये ज्वलनासाठी पाठविले जाते.

Cardiograph (कार्डिओग्राफ)

मेडिकल सायन्समध्ये हे यंत्र वापरतात. याचे वायर शरीराला विविध ठिकाणी चिकटवून हे यंत्र चालू करतात. त्यामुळे यंत्रात असणाऱ्या कागदी पट्टीवर हृदयाच्या हालचालीचा आलेख नोंदविला जातो. त्यावरून हृदयाची स्थिती कशी आहे याचे ज्ञान होते.

Cathode (कॅथोड) : ऋण ध्रुव

रासायनिक क्रियेमुळे विद्युत्प्रवाह देणाऱ्या घटाच्या ऋण टोकाला ऋण ध्रुव म्हणतात.

Celsius Temperature Scale (सेल्सियस टेंपरेचर स्केल)

तापमान मोजण्याचे हे प्रमाण आहे. ज्या तापमानावर बर्फ गोठते तेथे $0°$ C ही खूण करतात आणि ज्या तापमानावर पाणी उकळू लागते तेथे १००°C अशी खूण करतात. ह्या दोन खुणांमधील अंतराचे समान १०० भाग केलेले असतात. यातील प्रत्येक खूण $1°C$ दर्शविते. ज्या द्रवाचे किंवा वायूचे तापमान मोजावयाचे आहे त्यात तापमापकाचा फुगा ठेवून नळीतील पारा कोणत्या खुणेपर्यंत चढतो ते पाहून त्या पदार्थाचे तापमान सांगता येते.

Centre of Gravity (सेंटर ऑफ ग्रॅव्हिटी) : गुरुत्वमध्य

पदार्थाचे संपूर्ण वस्तुमान ज्या एकाच बिंदूत केंद्रित झाल्याचे समजतात त्या बिंदूला त्या वस्तूचा गुरुत्व मध्य म्हणतात. पदार्थावरील किंवा पदार्थजवळील सर्व वस्तू या बिंदूकडे ओढल्या जातात.

C.G.S. System (सी.जी.एस. सिस्टीम)

ज्या पद्धतीमध्ये सेंटीमीटर, ग्रॅम, सेकंद ह्या परिमाणांचा वापर केलेला असतो,

त्या पद्धतीला सी.जी.एस. सिस्टीम म्हणतात.

Centrifugal force (सेंट्रिफ्युगल फोर्स) : केंद्रोत्सारी प्रेरणा

एखादी वस्तू वर्तुळाकार फिरत असताना त्या वस्तूवरील प्रत्येक कण त्या वस्तूच्या मध्यबिंदूपासून दूर जाण्याच्या क्रियेला केंद्रोत्सारी प्रेरणा म्हणतात. पाणी उपसण्याच्या पंपात हे तत्त्व वापरलेले असते. अलग अलग घनतेच्या दोन द्रवांच्या मिश्रणातून ते पदार्थ वेगळे करण्याच्या क्रियेत या तत्त्वाचा उपयोग केलेला असतो.

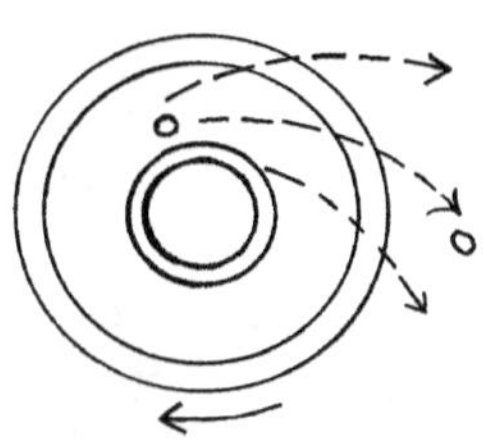

Cinematograph (सिनेमॅटोग्राफ) : सिनेमा प्रोजेक्टर

पडद्यावर चलचित्रपट दाखविण्यासाठी याचा उपयोग होतो. चालू-बंद होणाऱ्या एका खिडकीसमोरून एक फिल्म सरकत असते. ह्या फिल्मवर कार्बन आर्कपासून निघणारा तीव्र प्रकाश एकवटलेला असतो. पलीकडे असलेल्या बाह्यगोल भिंगामुळे पडद्यावर प्रतिमा मोठी होऊन उमटते. ही प्रतिमा हालचाल करणारी असते.

Circuit (सर्किट) : मंडळ

एका स्रोतापासून निघालेला विद्युत्प्रवाह निरनिराळ्या उपकरणांतून तारेच्या साहाय्याने प्रवास करत करत शेवटी मूळ स्रोतात वापस येतो त्यास विद्युत्मंडळ म्हणतात. जेव्हा या मंडळातून विद्युत्प्रवाह वाहणे चालू असते तेव्हा त्याला चालू मंडळ म्हणतात. जेव्हा विद्युत्प्रवाह वाहणे बंद असते तेव्हा बंद मंडळ म्हणतात.

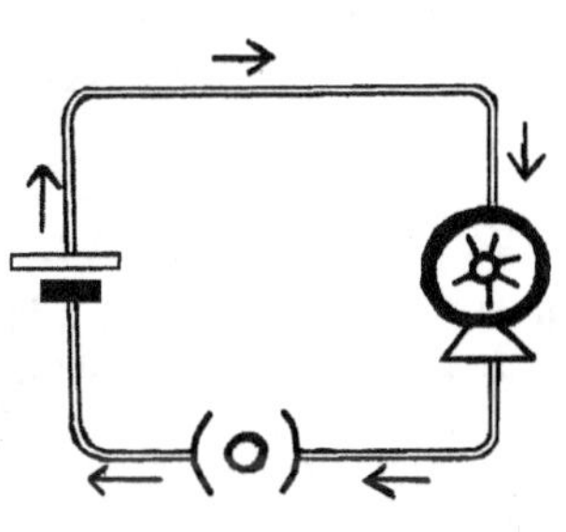

Clinical Thermometer (क्लिनिकल थर्मामीटर) : डॉक्टरचे तापमापक

याला डॉक्टरचे थर्मामीटर असेही म्हणतात. रोग्याला आलेला ताप किती आहे हे मोजण्यासाठी याचा वापर करतात. वापर करण्याच्या अगोदर याला झटकून घ्यावे लागते. त्यामुळे सर्व पारा खाली उतरतो. त्यानंतर त्याला रोग्याच्या जिभेखाली किंवा काखेत धरावयास लावतात. दोन मिनिटांनंतर बाहेर काढून पारा कोणत्या खुणेवर आहे ते पाहून रोग्याचा ताप सांगतात. ह्याला गरम पाण्याने धुतल्यास ह्याचा पारा भरलेला फुगा फुटतो म्हणून त्याला गरम पाण्याने धुवू नये.

Compound microscope (कंपाऊंड मायक्रोस्कोप) : संयुक्त सूक्ष्मदर्शी

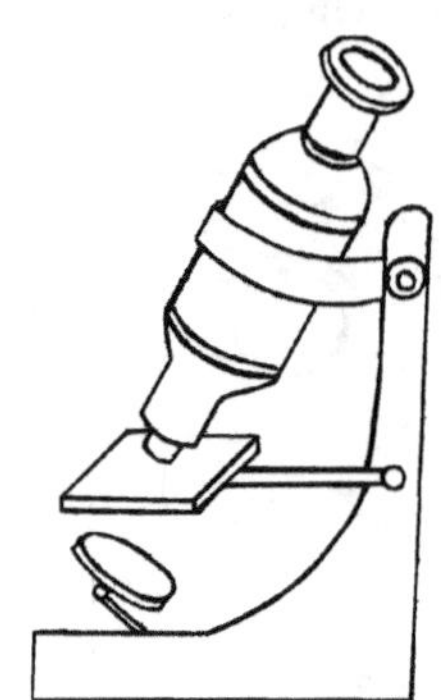

याला मराठीत संयुक्त सूक्ष्मदर्शी असेही म्हणतात. अतिशय सूक्ष्म पेशी, कण पाहाण्यासाठी याचा उपयोग होतो. प्रयोगशाळेत मूळ आकाराच्या ५०० पट मोठी प्रतिमा दाखविणारे सूक्ष्मदर्शक असते. मोठमोठ्या संशोधन केंद्रांत त्याच्यापेक्षा खूप जास्त क्षमतेचे सूक्ष्मदर्शक वापरतात. याच्या खालच्या बाजूला काचेची पट्टी असते. त्यावर सूक्ष्म पदार्थ ठेवतात. या पदार्थाच्या खालच्या बाजूने प्रकाश परावर्तित करणारा गोल आरसा असतो. या आरशाने प्रकाश टाकून पदार्थ प्रकाशित केला जातो. वरच्या नळीच्या भिंगातून त्याचे निरीक्षण केले जाते.

Commutator (कॉम्युटेटर) : परिवर्तक

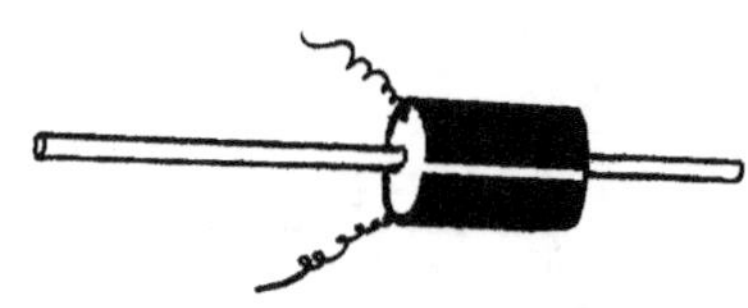

विद्युत्मोटार आणि डायनामो ह्यांच्यात कॉम्युटेटर नावाचा भाग असतो. मोटार आणि डायनामोमध्ये आर्मेचर नावाची तारेची वेटोळी असते. ह्या वेटोळ्याची वायरची टोके कॉम्युटेटरला जोडलेली असतात. कॉम्युटेटरमध्ये दोन किंवा जास्त तांब्याच्या पट्ट्या असतात. डायनामोमध्ये तयार झालेला विद्युत्प्रवाह कॉम्युटेटरमधून ब्रशकडे वाहतो. मोटारमध्ये ब्रशमध्ये असलेला विद्युत्प्रवाह कॉम्युटेटरमध्ये घुसून वेटोळ्यात जातो व वेटोळ्याला फिरवतो. कॉम्युटेटरमधून वाहणारा विद्युत्प्रवाह प्रत्येक वेळी बदलतो. वेटोळ्याबरोबर हे फिरत असल्यामुळे ब्रश याला घासत असतात. ब्रशमधील प्रवाह वेटोळ्यात पाठविणे व वेटोळ्यातील प्रवाह ब्रशकडे पाठविणे एवढेच कॉम्युटेटरचे काम असते.

Compass (कंपास) : होकायंत्र

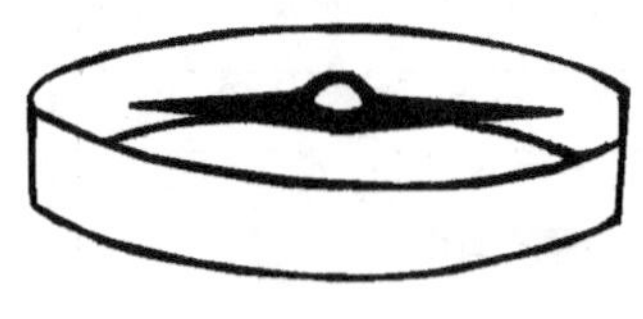

एखादा चुंबक बिनपिळाच्या दोऱ्याला आडवा टांगला असता तो स्थिर झाल्यावर त्याचे एक टोक दक्षिण व दुसरे टोक उत्तर दिशा दाखविते. त्याच्या ह्याच गुणधर्माचा उपयोग होकायंत्रात केलेला

असतो. एका डबीत मध्यभागी एक टोकदार सुई उभी करून तिच्या टोकावर एक चुंबक काटा आडवा ठेवलेला असतो. तो अगदी सहज फिरू शकतो. डबीच्या आत वर्तुळाकार चकती असून तिच्यावर आठ दिशांच्या खुणा केलेल्या असतात. जहाजात, विमानात आणि दाट जंगलात भटकणारे लोक दिशेचे ज्ञान होण्यासाठी याचा उपयोग करतात. होकायंत्राचा काटा दक्षिणोत्तर स्थिर झाल्यावर इतर दिशांचे ज्ञान लगेच होते.

Conduction (कण्डक्शन) : वहन

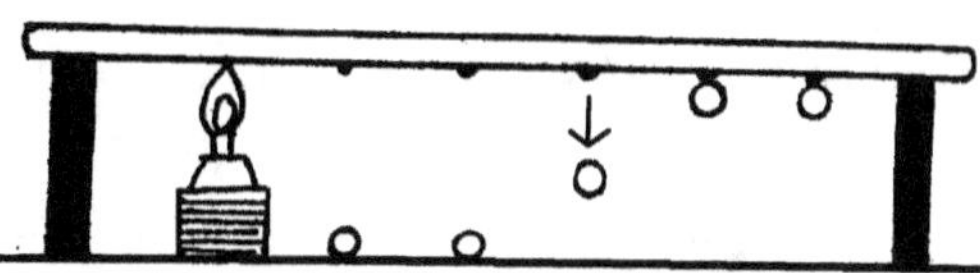

उष्णता किंवा विद्युत् एका ठिकाणाहून दुसऱ्या ठिकाणी जाण्याच्या क्रियेला वहन म्हणतात. उष्णतेचे वहन समजा एका धातूच्या दांड्यातून होत आहे. त्यावेळी दांड्याच्या टोकावरील धातूचे कण तापतात. ते शेजारच्या कणांना तापवितात, हे तापलेले कण त्याच्या शेजारच्या कणांना तापवितात अशा प्रकारे कण तापत तापत संपूर्ण दांडा गरम होतो. पण दांड्यातील उष्णता या टोकापासून दुसऱ्या टोकापर्यंत आली तरी कणांनी आपली जागा सोडलेली नसते. या क्रियेला वहन म्हणतात. विद्युत्वहनामध्ये जास्त दाबाकडून कमी दाबाकडे वीज वाहत जाते.

Cornea (कॉर्निया) : डोळ्याच्या बाहुलीचा पडदा

डोळ्यांच्या बुबुळाच्या समोर पातळ व पारदर्शक पडदा असतो. ह्याच्यातून डोळ्यात प्रकाश जाऊ शकतो. ह्या पडद्याला कार्निया म्हणतात.

Couple (कपल) : जोडी

जेव्हा एकाच वस्तूवर असलेल्या दोन बिंदूंवर दोन समान आणि समांतर; पण दिशा मात्र एकमेकांच्या विरुद्ध असलेली बले कार्य करतात, त्यावेळी ती वस्तू फिरू लागते. तेव्हा त्या बलांना कपल असे म्हणतात.

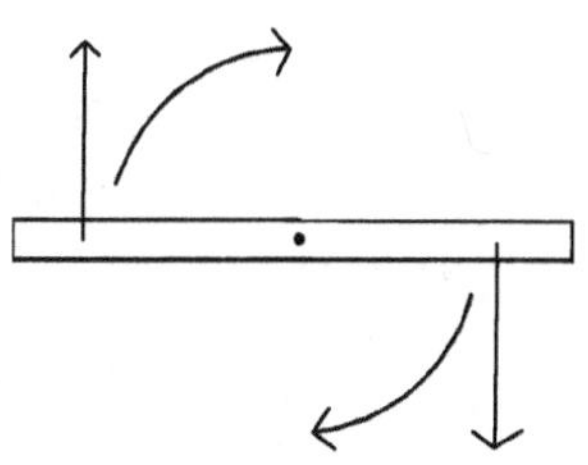

D

Daniel cell (डॅनियल सेल) : डॅनियलचा घट

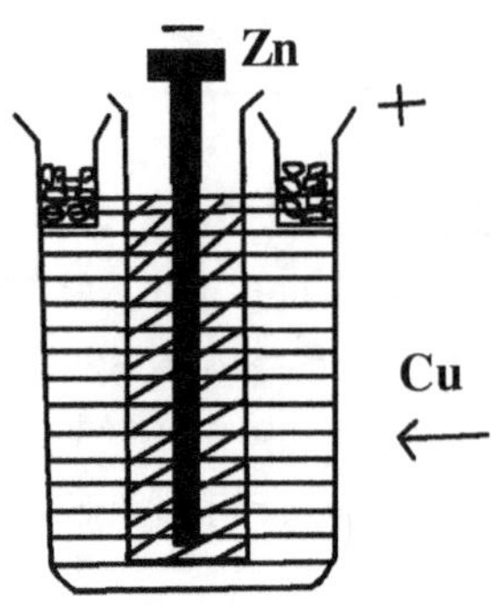

रासायनिक क्रियेद्वारा विद्युत्प्रवाह देणारा हा एक घट आहे. ह्यात धनध्रुव म्हणून एक दंडगोलाकृती तांब्याचे भांडे असते व त्यात मोरचुदाचे संपृक्त द्रावण भरलेले असते. ह्या द्रावणात चिनी मातीचे एक सच्छिद्र भांडे असून त्यात सौम्य सल्फ्युरिक ऑसिड भरलेले असते. सल्फ्युरिक ऑसिडच्या द्रावणात जस्ताचा दांडा उभा ठेवलेला असतो. हा दांडा म्हणजे घटाचा ऋण ध्रुव होय. तांब्याचे भांडे व जस्ताचा दांडा वायरने जोडले असता तांब्याकडून जस्ताकडे विजेचा प्रवाह वाहतो. या घटाचा विद्युत्दाब १.०८ व्होल्ट असतो.

Davy's Lamp (डेव्हीज लँप) : डेव्हीचा रक्षकदीप

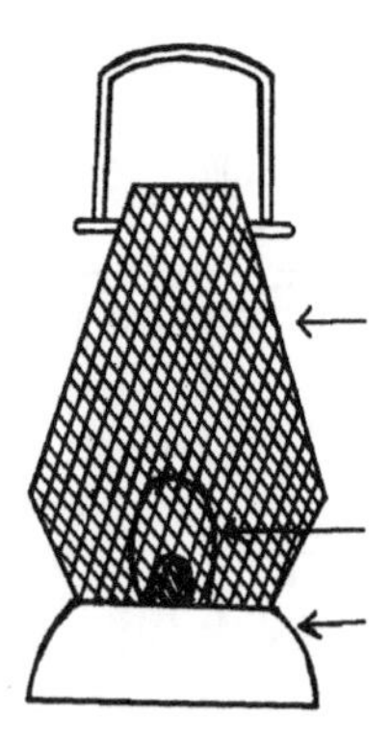

पूर्वीच्या काळी कोळशाच्या खाणीत काम करीत असताना एखादा वायू मोकळा झाला आणि पेटला तर हजारो कामगार त्या आगीत मृत्यूमुखी पडत. असे घडू नये म्हणून सर हंफ्रे डेव्ही या शास्त्रज्ञाने सुरक्षित दिवा शोधून काढला. हा दिवा घेऊन खाणीत गेले व तेथे वायू लीक जरी झाला तरी त्याचा स्फोट न होता तो ह्या दिव्यात घुसून तेथेच जळत असे. कारण दिव्याला तांब्याची जाळी बसविलेली असे. जाळीच्या बाहेर असणारा वायू पेटण्यासाठी लागणारी उष्णता जाळीच शोषून घेत असे. जाळीच्या आत वायू पेटला की, त्याची सूचना कामगारांना

मिळत असे व पुढील होणारी हानी टळत असे.

Demagnetisation (डिमॅग्रेटायझेशन) : चुंबकत्व नष्ट होणे

कोणताही चुंबक लोखंडाला आकर्षित करण्याचा आपला गुणधर्म सोडतो, त्या क्रियेला डिमॅग्रेटायझेशन म्हणतात. चुंबकाला हातोडीने बराच वेळ ठोकले किंवा लाल होईपर्यंत तापविले तर त्यातील चुंबकत्वाचा गुणधर्म निघून जातो किंवा चुंबकाला एका नळीत ठेवून त्या नळीभोवती उलट-सुलट प्रवाह (ए.सी.) वाहणारे तारेचे वेटोळे गुंडाळले तरीही चुंबकत्व नष्ट होते.

Density (डेन्सिटी) : घनता

एक एकक आकारमानाच्या पदार्थाच्या वस्तुमानाला त्या पदार्थाची घनता म्हणतात. पाण्याची घनता १ g/cc आहे. याचा अर्थ असा होतो की, एक घन सेंटीमीटर आकारमानाच्या पाण्याचे वजन एक ग्रॅम आहे. निरनिराळ्या पदार्थांची घनता निरनिराळी असते. ४°C वर एक घनमीटर आकारमानाच्या पाण्याचे वजन १०³ किलोग्रॅम असते.

Dewar Flask (देवार फ्लास्क) : थर्मास शिशी

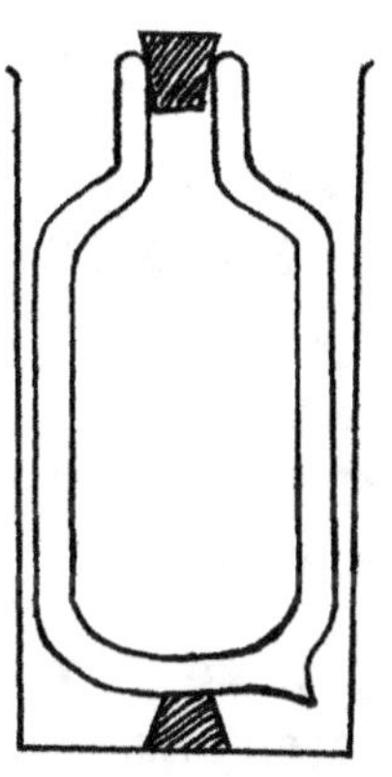

गरम पदार्थ जास्त वेळ गरम राहण्यासाठी व थंड पदार्थ बराच वेळ थंड राहण्यासाठी थर्मास शिशीचा उपयोग करतात. हिच्यात एक दुहेरी भिंत असलेली काचेची शिशी असते. ह्या दोन भिंतींतील हवा काढून घेऊन निर्वात केलेली असते. दोन्ही भिंतींना आतून चांदीचा चकचकीत मुलामा दिलेला असतो. निर्वात केल्यामुळे आतील गरम पदार्थाची उष्णता वहनाने बाहेर पडत नाही. चकचकीत मुलामा असल्याने पदार्थाची उष्णता वहनाने बाहेर पडत नाही. चकचकीत मुलामा असल्याने पदार्थाची गरम किरणे परावर्तित करून परत पदार्थातच पाठविली जातात, म्हणून पदार्थ गरम राहतो. थंड पदार्थाच्या बाबतीत असेच घडते. उष्णतेचे किरण थंड पदार्थापर्यंत पोहोचू शकत नाहीत म्हणून थंड पदार्थ थंडच राहतो.

Diamond (डायमंड) : हिरा

कार्बन किंवा ग्रॅफाईटचे अतिशुद्ध रूप म्हणजे हिरा होय. याला पैलू पाडल्यानंतर यावर पडणारा प्रकाश अनेक वेळा आतल्या आत परावर्तित होत राहतो व त्यामुळे तो खूप तेजस्वी भासतो. त्यामुळे प्राचीन काळापासून हिऱ्याला मौल्यवान रत्न

समजले जाते. हा अतिशय कठीण असल्याने काच कापण्यासाठी याचा उपयोग करतात. हा कोणत्याही द्रावकात विरघळत नाही. याचा वितळण्याचा बिंदू ७३५०°C आहे. कार्बनचे रूप जरी असले तरी हिरा उष्णता व विद्युत्चा दुर्वाहक आहे.

Dichromate Cell (डायक्रोमेट सेल)

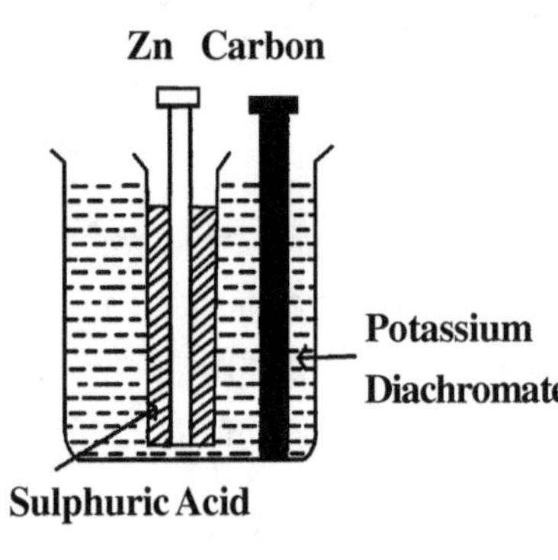

विद्युत् निर्माण करणाऱ्या घटाचा हा एक प्रकार आहे. ह्यात कार्बन आणि जस्त यांचे ध्रुव असतात. एका काचेच्या भांड्यात पोटॅशियम डायक्रोमेटचे तीव्र द्रावण घेऊन त्यात कार्बनचा दांडा उभा केलेला असतो. एका चिनीमातीच्या सच्छिद्र भांड्यात सौम्य सल्फ्युरिक ॲसिड घेऊन त्यात जस्ताचा दांडा उभा ठेवलेला असतो व भांडे पोटॅशियम डायक्रोमेटच्या द्रावणात ठेवलेले असते. ह्या घटापासून मिळणारा विद्युतप्रवाह २.०३ व्होल्ट दाबाचा असतो.

Diesel Engine (डिझेल इंजीन)

डिझेल नावाच्या शास्त्रज्ञाने ह्या इंजिनाचा शोध लावला. यात इंधन म्हणून डिझेल तेलाचा वापर केला जातो. यात स्पार्क प्लग नसतो. पेट्रोल इंजिनापेक्षा हे इंजिन जड असते. पिस्टनच्या दाबामुळे उष्णता निर्माण होऊन डिझेल व हवा यांच्या मिश्रणाचा स्फोट होतो व इंजिन चालू होते. मोठमोठ्या कारखान्यात डिझेल इंजिनेच वापरतात. काही आगगाड्यांमध्ये ह्या इंजिनाचा वापर करतात.

Dip circle (डीप सर्कल)

एखाद्या ठिकाणचा डीप कोन मोजण्यासाठी हे उपकरण वापरतात. उभ्या पातळीत फिरू शकणारी चुंबक सुई असते. तिच्याभोवती धातूचे कडे असते. त्यावर कोन मोजणारे आकडे छापलेले असतात. सुई ज्या आकड्यावर स्थिर होईल तितका त्या ठिकाणचा डीप कोन असतो. पृथ्वीच्या पृष्ठभागावरील कोणत्याही ठिकाणी डीप सर्कल ठेवून त्या विशिष्ट ठिकाणचा डीप कोन मोजतात. हा कोन वेगवेगळ्या ठिकाणी वेगवेगळा असू शकतो. पृथ्वीचे चुंबकीय क्षेत्र आणि पृथ्वीची त्या ठिकाणची क्षितिज पातळी यामधील कोनास अँगल ऑफ डीप म्हणतात व तो कोन डीप सर्कलने मोजतात.

Direct current (डायरेक्ट करंट) : एकदिक् प्रवाह

हा प्रवाही विद्युत्चा एक प्रकार आहे. वीज तयार करणाऱ्या घटापासून हा मिळतो. या घटात धनध्रुवाकडून ऋणध्रुवाकडे विद्युत्धारा वाहत असते. ती कायम असते. त्याच्या दिशेत बदल होत नाही. म्हणून ह्या प्रवाहाला एक दिक् प्रवाह म्हणतात. हा प्रवाह या चिन्हाने दाखवितात. यातील लांब रेषा धनध्रुव व आखूड रेषा ऋणध्रुव दर्शविते.

Dispersion (डिस्पर्शन) : विकिरण

पांढरा प्रकाश अलग अलग कंपनांच्या विविध रंगांपासून तयार झालेला आहे. जेव्हा पांढऱ्या प्रकाशाचा किरण त्रिकोनी प्रिझमवर पडतो त्यावेळी अलग अलग कंपनांप्रमाणे अनेक रंगांचे विकरण

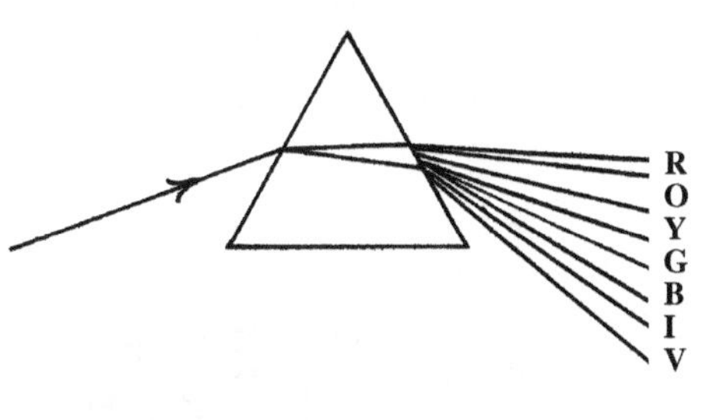

होऊन त्या रंगाचे पट्टे अलग अलग उमटतात. त्यात मुख्यत: सात रंगांचे पट्टे उमटतात. पांढऱ्या प्रकाशापासून सात रंग अलग होण्याच्या ह्या घटनेला विकरण म्हणतात.

Distillation (डिस्टिलेशन) : शुद्धीकरण

अशुद्ध द्रवपदार्थातून शुद्ध द्रवपदार्थ व टाकाऊ भाग या क्रियेने अलग करता येतो. एका चंबूत अशुद्ध द्रवपदार्थ घेऊन त्याला तापवितात. द्रवपदार्थाची वाफ कण्डेंसरमधून जात असताना थंड होऊन तिचे द्रवात रूपांतर होते. तो द्रव एका भांड्यात जमा करतात.

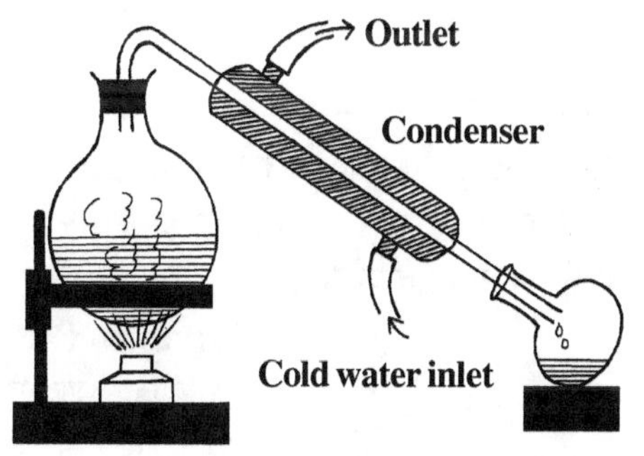

हा शुद्ध द्रवपदार्थ असतो. चंबूत शिल्लक राहिलेला भाग म्हणजे टाकाऊ भाग असतो. या पद्धतीने दोन अलग अलग उत्कलन बिंदू असलेल्या दोन द्रवपदार्थांच्या मिश्रणातून ते द्रव अलग करता येतात.

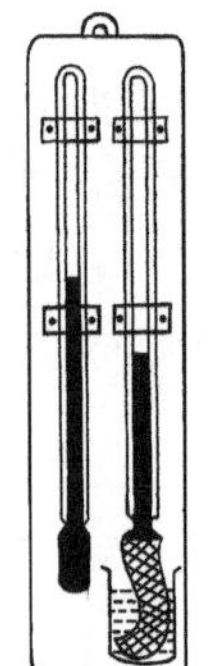

Dry and wet bulb hygrometer
(ड्राय अँड वेट बल्ब हायग्रोमीटर)

दोन थर्मामीटर एकाच फलकावर शेजारी शेजारी बसविलेले असतात. त्यांपैकी एक फुगा ओल्या फडक्यात गुंडाळलेला असतो. दोन्ही थर्मामीटर्सच्या वाचनातील फरक लक्षात घेऊन कोरड्या व ओल्या हवेतील आर्द्रतेची तुलना केली जाते.

Dry cell (ड्राय सेल) : कोरडा विद्युत्घट

हा लिकलँचे सेलचाच प्रकार आहे, पण यात द्रवपदार्थ न वापरता पेस्ट वापरलेली असते. एका जस्ताच्या डब्यात नवसागराची पेस्ट भरलेली असते. तिच्या आत कापडी पिशवीत कार्बनची एक कांडी असून

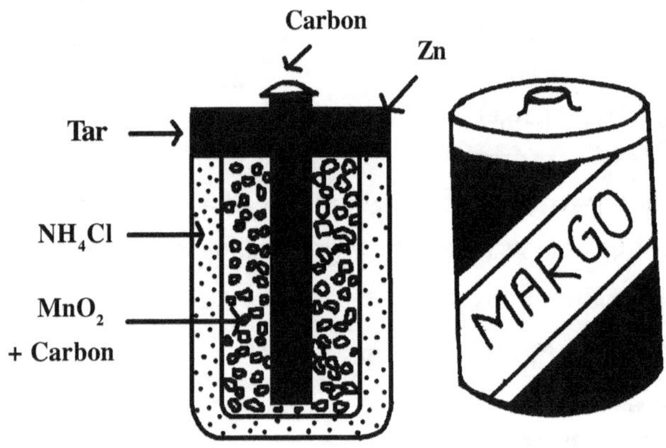

तिच्याभोवती कार्बन व मँगनीज डायऑक्साइडची पावडर भरलेली असते. जस्ताच्या डब्याचे तोंड डांबराने बंद केलेले असते. यात कार्बनची कांडी धनध्रुव व जस्ताचा डबा ऋणध्रुव असतो. हा घट कोरडा असल्याने इलेक्ट्रिक यंत्रात, टॉर्चमध्ये, रेडिओमध्ये याचा वापर होतो.

Dynamo (डायनॅमो) : विद्युत् जनित्र

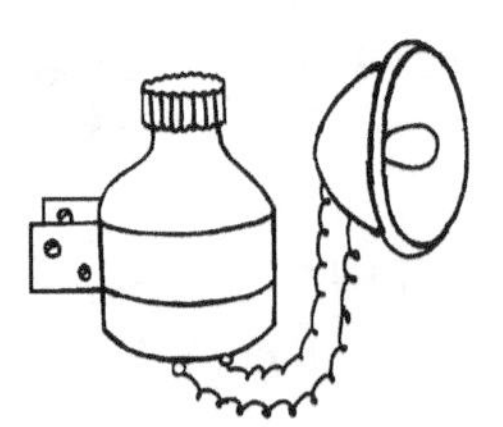

यांत्रिक शक्तीचा वापर करून विद्युत् तयार करणारे हे एक छोटे यंत्र आहे. चुंबकाच्या दोन ध्रुवांत तांब्याच्या तारेचे वेटोळे यांत्रिक शक्तीने फिरविले जाते. त्यामुळे वेटोळ्यात विद्युत्प्रवाह तयार होतो. हा प्रवाह वापरून इतर उपकरणे चालविली जातात.

E

Earthing (अर्थिंग) : भूसंपर्क

पृथ्वीचा विद्युत्भार शून्य समजला जातो. त्यामुळे कोणतीही तार, जिच्यातून विद्युत्प्रवाह वाहत आहे, ती जर पृथ्वीला जोडली तर तिच्यातील प्रवाह पृथ्वीकडे वाहू लागतो. याच गुणधर्माचा उपयोग करून मोठमोठी यंत्रे, घरातील विद्युत् उपकरणे भूसंपर्क तारेला जोडलेली असतात. चुकून यंत्रात विद्युत्प्रवाह लीक झाला तर ती हाताळताना शॉक न लागता हा प्रवाह जमिनीत निघून जातो. जमिनीत खड्डा करून त्यात एक लोखंडाचा मोठा तुकडा टाकतात. त्याला भूसंपर्क तार जोडतात. ह्या तुकड्याभोवती मीठ, कोळसा व पाणी टाकून मातीने खड्डा बुजवितात. यालाच भूसंपर्क असे म्हणतात.

Earth's magnetism (अर्थ्स मॅग्नेटिझम) : भूचुंबकत्व

पृथ्वीच्या अंगी चुंबकीय गुणधर्म आहे. काहींच्या मते पृथ्वीच्या पोटात लोखंड, निकेल यांचे साठे आहेत. पृथ्वीच्या स्वत:भोवती फिरण्याच्या गुणधर्मामुळे ह्या साठ्याभोवती विद्युत्प्रवाह फिरतो; त्यामुळे पृथ्वी चुंबक बनली आहे. पृथ्वीच्या भौगोलिक उत्तर ध्रुवाच्या जागी चुंबकाचा दक्षिण ध्रुव आहे. तसेच तिच्या भौगोलिक दक्षिण ध्रुवाच्या ठिकाणी चुंबकीय उत्तर ध्रुव आहे. विषुववृत्तावर चुंबकसुई क्षितिज पातळीत असते; पण ध्रुवावर मात्र ती एका टोकावर सरळ उभी राहते.

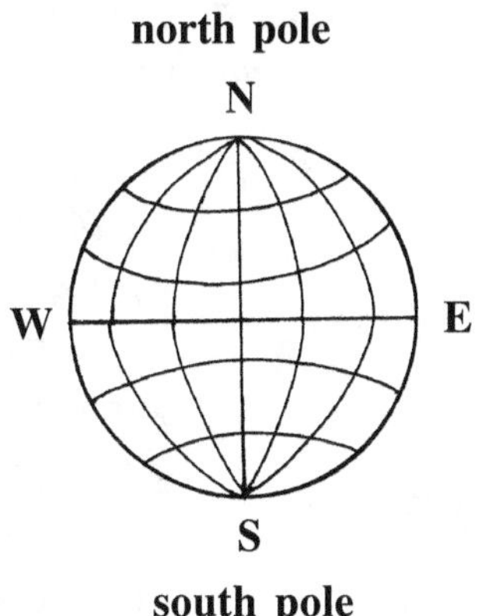

Echo (एको) : प्रतिध्वनी

ध्वनिलहरी जेव्हा एखाद्या कठीण पृष्ठभागावर आदळतात, तेव्हा त्या परावर्तित केल्या जातात. त्यामुळे पुन्हा आवाज ऐकू येतो. त्याला प्रतिध्वनी असे म्हणतात. यासाठी परावर्तित पृष्ठभाग बराच लांब असावा लागतो. तो जर ध्वनीच्या उगमस्थानापासून जवळ असला तर ध्वनी व प्रतिध्वनी यांची सरमिसळ होते व प्रतिध्वनी ऐकू येत नाही. परावर्तक पृष्ठभाग जर दूर असला तर मूळ ध्वनी व परावर्तित ध्वनी अलग अलग ऐकू येतात.

Eclipse (एक्लिप्स) : ग्रहण

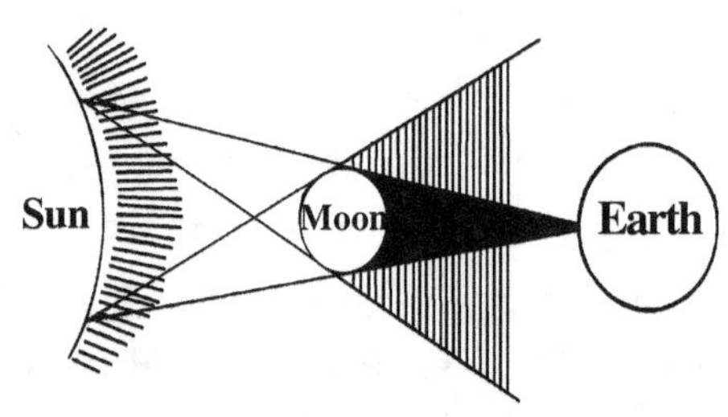

ग्रहण हे सूर्य आणि चंद्र दोघांनाही लागते. सूर्य आणि पृथ्वी यांच्यामध्ये चंद्र आला असता त्याची सावली पृथ्वीच्या पृष्ठभागावर पडते व तेथील लोकांना सूर्य दिसत नाही. अशावेळी सूर्यग्रहण लागले असे म्हणतात.

ज्यावेळी चंद्र व सूर्य यांच्यामध्ये पृथ्वी येते त्यावेळी पृथ्वीची सावली चंद्रावर पडते व चंद्राचा काही भाग झाकला जातो. अशावेळी चंद्रग्रहण लागले असे म्हणतात. चंद्रग्रहण पौर्णिमेला होते तर सूर्यग्रहण अमावस्येला होते. चंद्रग्रहणाचे खंडग्रास व खग्रास असे दोन प्रकार आहेत तर सूर्यग्रहणाचे खंडग्रास व कंकणाकृती असे दोन प्रकार आहेत. पृथ्वी, चंद्र आणि सूर्य जेव्हा एका रेषेत येतात त्यावेळी ग्रहण लागते. म्हणून प्रत्येक पौर्णिमेला चंद्रग्रहण व प्रत्येक अमावस्येला सूर्यग्रहण होत नाही.

Electric Arc (इलेक्ट्रिक आर्क) : चापदीप

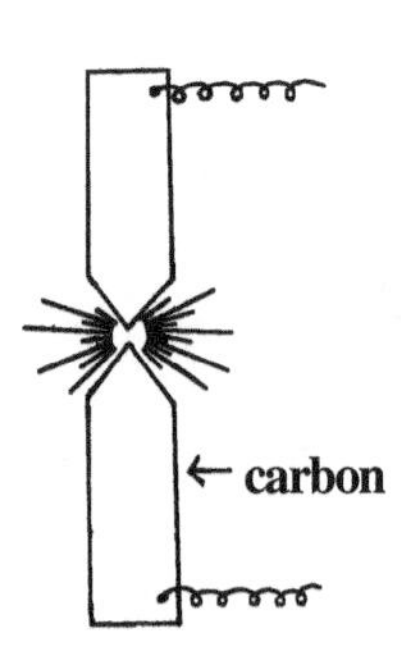

अतिशय तीव्र स्वरूपाचा पांढरा शुभ्र प्रकाश मिळविण्यासाठी चापदीपाचा उपयोग करतात. यात तांब्याच्या पत्र्याच्या वेष्टनात गुंडाळलेले ग्रॅफाईटचे दोन इलेक्ट्रोड्स असतात. हे एकमेकांना टेकवून ठेवून त्यातून विद्युत्प्रवाह सोडतात. त्यामुळे त्यांची टोके तापून लाल होतात. नंतर हळूच त्यांच्यामधील अंतर वाढवितात. त्यामुळे दोन टोकांच्या रिकाम्या जागेत तीव्र प्रकाश देणारी ज्योत तयार होते. तिचा उपयोग सिनेमाच्या प्रोजेक्टरमध्ये, सर्च लाईटमध्ये करतात.

Electric Bell (इलेक्ट्रिक बेल) : विद्युत् घंटी

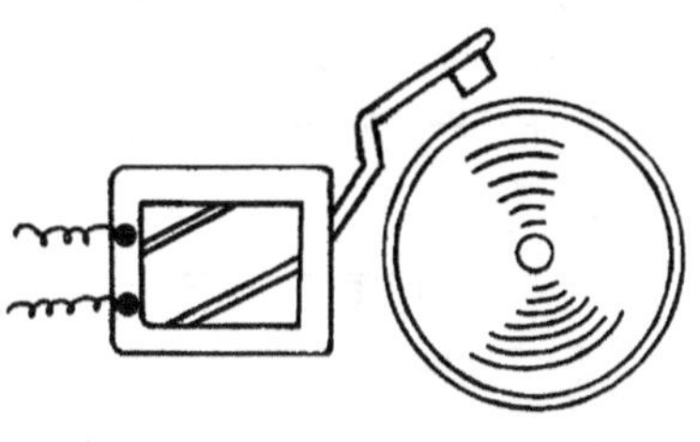

विद्युत्प्रवाहाने घंटी वाजविणारे हे एक उपकरण आहे. यात एक छोटा हातोडा एका घंटीवर आपटून आवाज निर्माण करतो. जेव्हा बटन दाबले जाते त्यावेळी विद्युत्प्रवाह घंटीत असणाऱ्या विद्युत्-चुंबकात चुंबकत्व निर्माण करतो. त्यामुळे हातोडा आकर्षित होऊन त्याचा आघात घंटीवर होतो; पण त्याच वेळी विद्युत्मंडळ खंडित होते व हातोडा पुन्हा पहिल्या ठिकाणी जातो. पुन्हा विद्युत्मंडळ जोडले जाते. अशी क्रिया वारंवार व लवकर होत राहिल्याने घंटी सारखी वाजत राहते. सूचना देण्यासाठी विद्युत्घंटीचा उपयोग होतो.

Electric motor (इलेक्ट्रिक मोटर)

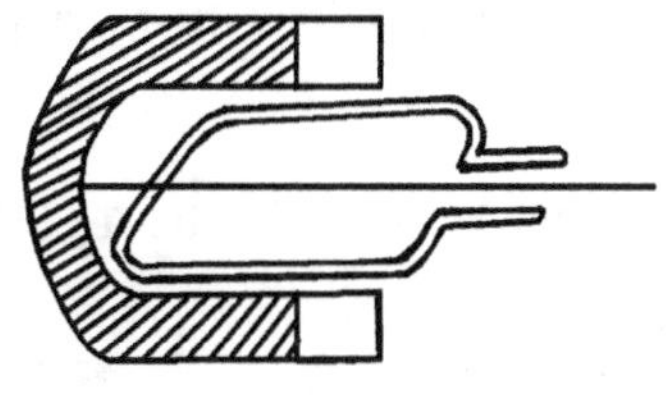

विद्युत्शक्तीचे यांत्रिक शक्तीत रूपांतर करणाऱ्या यंत्राला विद्युत्मोटर म्हणतात. चुंबकीय क्षेत्रात ठेवलेल्या तारेच्या वेटोळ्यात विद्युत्प्रवाह पाठविला असता ते वेटोळे गरगर फिरू लागते. हीच यांत्रिक शक्ती वापरून मोठमोठी यंत्रे फिरविली जातात.

Electrolysis (इलेक्ट्रोलिसीस) : विद्युत् पृथक्करण

एखाद्या पदार्थाचे रासायनिक पृथक्करण, विद्युत्प्रवाहाचा उपयोग करून करतात. ज्यावेळी द्रावणातून विद्युत्प्रवाह वाहू लागतो त्यावेळी त्यातील धन आणि ऋण आयन मोकळे होतात. ते अनुक्रमे ऋण आणि धन ध्रुवावर जमा होतात.

Electromagnet (इलेक्ट्रोमॅग्नेट) : विद्युत् चुंबक

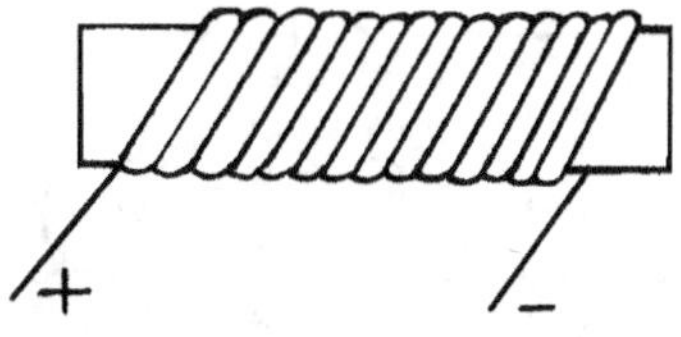

एखाद्या नरम लोखंडाच्या तुकड्यावर रोधित तारेचे वेढे देऊन त्यातून विद्युत्प्रवाह वाहू दिला तर लोखंडाच्या तुकड्यात चुंबकत्वाचा गुणधर्म येतो. जोपर्यंत विद्युत्प्रवाह सुरू आहे तोपर्यंत तो लोखंडी तुकडा चुंबकाचे गुण दाखवितो. विद्युत्प्रवाह बंद होताच चुंबकाचे गुण नाहीसे होऊन तो फक्त लोखंडी तुकडा बनतो.

Electro Plating (इलेक्ट्रो प्लेटिंग) : विद्युत् विलेपन

विद्युत्प्रवाहाचा वापर करून एका धातूवर दुसऱ्या धातूचा मुलामा चढविण्याच्या क्रियेला विद्युत् विलेपन म्हणतात. तांब्या-पितळेच्या भांड्यावर चांदीचा मुलामा याच पद्धतीने देतात. एका टाकीत चांदीच्या क्षाराचे द्रावण घेऊन त्यात तांब्या-पितळेच्या वस्तू टांगून ठेवतात व त्यांना विद्युत्प्रवाहाचे ऋण टोक जोडतात. चांदीची जाड पट्टी ह्याच द्रावणात बुडवून ठेवून तिला प्रवाहाचे घन टोक जोडतात. विद्युत्प्रवाह सुरू होताच द्रावणात धनकडून ऋणकडे प्रवाह वाहू लागतो व चांदीच्या पट्टीची चांदी कमी होऊन ती तांब्या-पितळेच्या वस्तूवर जमा होऊ लागते. अशा प्रकारे त्यावर चांदीचा मुलामा बसतो.

Electrostatic Generator (इलेक्ट्रोस्टॅटिक जनरेटर)

स्थिर विद्युत् जास्त प्रमाणात तयार करण्यासाठी हे यंत्र वापरतात. यात दोन प्रकार आहेत १) व्हीमशर्ट २) व्हॅन डी ग्रॉफ जनरेटर. यात एबोनाईटचे एक चक्र सारखे लोकरीच्या कपड्यावर घासत फिरत असते. ह्या घर्षणाने जी विद्युत् तयार होते ती एका ठिकाणी जमा केली जाते. एका बाजूला ऋणविद्युत् व दुसऱ्या बाजूला धनविद्युत् जमा होते. दोघींचा जर स्पर्श घडवून आणला तर त्या ठिकाणी ठिणगी पडते.

Electrostatic Induction (इलेक्ट्रोस्टॅटिक इंडक्शन) : प्रवर्तन

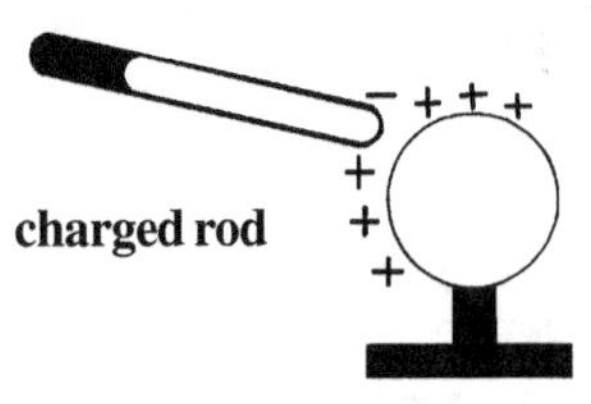

याला मराठीत स्थिर विद्युत् प्रवर्तन असेही म्हणतात. रेशमी कापडाने काचेचा दांडा घासला तर त्यावर धनविद्युत् जमा होते. विद्युत् जागृत झालेला हा दांडा दुसऱ्या वस्तूजवळ नेला तर त्याला स्पर्श न करता त्या वस्तूवर ऋणविद्युत् जागृत होते. जोपर्यंत हा दांडा त्या वस्तूच्या जवळ आहे तोपर्यंत त्या वस्तूवर ऋणविद्युत् राहते. दांडा दूर करताच वस्तूवरील विद्युत् निघून जाते.

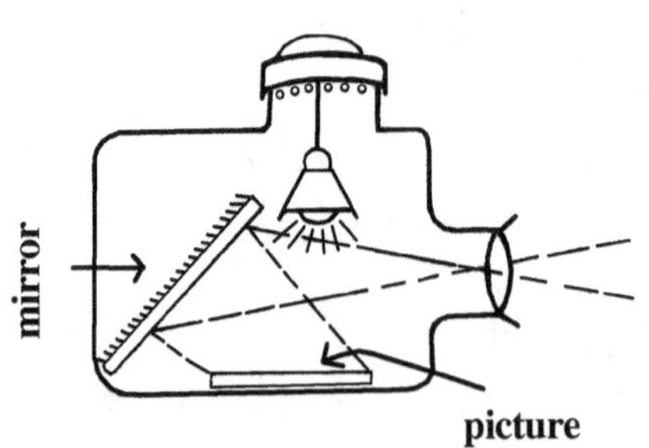

Epidiascope
(एपिडायास्कोप) : चित्रदर्शी

पारदर्शक स्लाईड आणि अपारदर्शक छापील चित्रे यांचे मोठ्या आकारात पडद्यावर प्रक्षेपण करण्यासाठी या यंत्राचा उपयोग होतो. बल्बचा तीव्र प्रकाश छापील चित्रावर पाडला जातो. त्यामुळे

चित्र खूप प्रकाशित होते. ४५ अंश कोनात बसविलेल्या आरशाने किरण प्रक्षेपक भिंगावर पडतात व पडद्यावर त्याचे मोठे चित्र उमटते. पारदर्शक चित्रे, स्लाईड व फिल्म स्ट्रीपचे प्रक्षेपण आरसा न वापरता केले जाते. वर्गात पाठ शिकवताना, माहिती सांगताना ती लवकर समजावी म्हणून याचा वापर केला जातो.

Evaporation (इव्हॅपोरेशन) : बाष्पीभवन

कोणताही द्रवपदार्थ त्याच्या उत्कलन बिंदूपर्यंत गरम न होता त्याची वाफ राहते व काही वेळाने तो पदार्थ नाहीसा होतो. यालाच बाष्पीभवन म्हणतात. एका सपाट बशीत पाणी घेऊन मोकळ्या जागी ठेवले तर वाहणाऱ्या हवेमुळे ते थोड्याच वेळात नाहीसे होते, हे त्याचे उदाहरण आहे.

Eye piece (आय पीस) : नेत्रक भिंग, नेत्रिका

सामान्यपणे संयुक्त सूक्ष्मदर्शक यंत्रात, दुर्बिणीत दोन भिंगे असतात. एक भिंग वस्तूकडे असते व दुसऱ्या भिंगातून पाहायचे असते. जे भिंग डोळ्यांकडे असते व ज्यातून पाहावयाचे असते त्या भिंगाला नेत्रिका म्हणतात.

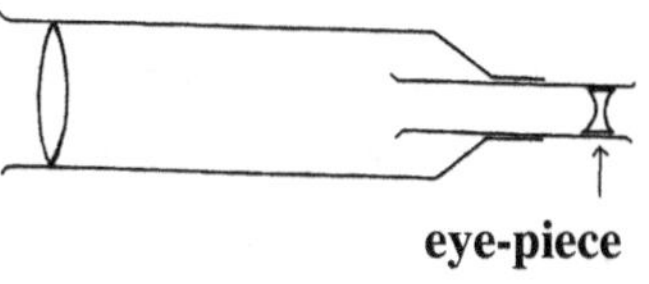

F

Fahrenheit Scale of Temperature (फॅरनहीट)

बर्फ गोठण्याचे तापमान ०°C यात फॅरेनहीट तापमान ३२°F या अंकाने दर्शवितात. पाणी उकळण्याचे तापमान १००°C असते. ते २१२°F या अंकाने दाखवितात. म्हणजेच ह्या तापमापकात सुरुवात ३२ अंशापासून होऊन शेवट २१२ अंशाने होतो. मधल्या भागाचे १८० सारखे भाग केलेले असतात. सेल्सियस व फॅरनहीट या दोन तापमानातील संबंध पुढील सूत्राने दर्शवितात–

$$\frac{C}{100} = \frac{F-32}{180}$$

Far Point (फार पॉईंट) : दूरचा बिंदू

एखादी वस्तू पाहत असताना ती जेथून स्पष्ट दिसते अशा जास्तीतजास्त लांबच्या बिंदूला दूरचा बिंदू म्हणतात. या ठिकाणी कोणतीही वस्तू ठेवली तर तिची स्पष्ट प्रतिमा डोळ्यांच्या रेटिनावर उमटते.

Field Coil (फिल्ड कॉईल)

ही रोधित तांब्याच्या तारेचे वेटोळे किंवा गुंडाळी असते. हिचा वापर विद्युत्‌मोटार किंवा विद्युत् जनित्रात केलेला असतो. जेव्हा ह्या वेटोळ्यातून विद्युत्प्रवाह वाहू लागतो तेव्हा त्यात चुंबकीय क्षेत्र तयार होते.

Filament (फिलामेंट) : तंतू

विजेच्या दिव्यात प्रकाश देण्यासाठी ह्याचा उपयोग करतात. हे टंगस्टन या धातूच्या अगदी बारीक तारेपासून करतात. टंगस्टन या धातूचा विलय बिंदू खूप मोठा असल्याने ती तापून पांढरी शुभ्र झाली तरी वितळत नाही. म्हणून सर्व प्रकारच्या विद्युत् दिव्यात टंगस्टनचा तंतू वापरण्यात येतो.

Fire eixtinguisher (फायर एक्सटिंग्विशर) : अग्निशामक

आग विझविण्यासाठी याचा उपयोग करतात. यामध्ये शंकूच्या आकाराचे निमुळत्या तोंडाचे भांडे असते. ह्या भांड्यात खाण्याच्या सोड्याचे पाण्यातील द्रावण ठेवलेले असते. ह्या द्रावणात सल्फ्युरिक ॲसिड असलेली एक छोटीशी काचेची शिशी ठेवलेली असते. तिच्या खालच्या बाजूला टेकून एक उभा दांडा असतो. ह्या दांड्याचे एक टोक बाहेर आलेले असते. कोठेही आग लागली तर हा दांडा जमिनीवर आपटावा लागतो. त्याच्या आघाताने ॲसिडची शिशी फुटते व ॲसिड खाण्याच्या सोड्याच्या द्रावणात मिसळून त्यांची अभिक्रिया सुरू होते व पाणी आणि कार्बनडायऑक्साईड वायू तयार होतात. त्यांच्या

दाबामुळे अग्निशामक भांड्याचे बूच उघडते व जोराचा फवारा उडतो. त्यामुळे आग विझते.

Fire-fly (फायर-फ्लाय) : काजवा

हा कीटकाचा एक प्रकार आहे. ह्याच्या शरीराचे कप्पे असतात. हा झाडीत राहतो व रात्रीच्या वेळी इकडून तिकडे उडतो. त्यावेळी त्याच्या पोटाच्या सहाव्या व सातव्या कप्प्यातून हिरवट पांढरा प्रकाश बाहेर पडतो. रात्रीच्या अंधारात काजवे चमकू लागले म्हणजे त्यांची शोभा रमणीय दिसते.

Fixing photografic (फिक्सिंग फोटोग्राफिक)

फोटोग्राफीमध्ये निगेटिव्हवरून पॉझिटिव्ह फोटो तयार करताना ही क्रिया करावी लागते. पॉझिटिव्ह फोटो डेव्हलपरमध्ये उमटू लागल्यावर ती पुरेशी उमटली म्हणजे उमटण्याची क्रिया थांबवावी लागते नाहीतर फोटो काळा पडतो. हायपो नावाच्या रसायनाच्या द्रावणात हा फोटो बुडविला म्हणजे ही क्रिया थांबते. त्यात काही वेळ ठेवून नंतर पाण्याने धुवून वाळविला की फोटो तयार होतो.

Flotation law (फ्लोटेशन लॉ) : तरंगण्याचा नियम

एखादा घनपदार्थ द्रव पदार्थात तरंगत असताना तो काही द्रव बाजूला सारतो. ह्या बाजूला सारलेल्या द्रवाचे वजन ह्या घनपदार्थाच्या एकूण वजनाइतके असते.

Floroscent lamp (फ्लोरोसंट लँप) : ट्यूब लाईट

याला आपण व्यावहारिक भाषेत ट्यूबलाईट म्हणतो. काचेच्या नळीला आतून फ्लोरोसंट पावडरचा लेप दिलेला असतो. ह्या नळीत पाऱ्याची वाफ भरलेली असते.

तिच्या दोन टोकांना दोन इलेक्ट्रोड्स बसविलेले असतात. जेव्हा या इलेक्ट्रोड्समधून विद्युत्प्रवाह वाहू लागतो त्यावेळी ट्यूब प्रकाशित होते व पांढरा शुभ्र, शांत आणि थंड प्रकाश पडतो.

Flywheel (फ्लाय व्हील) : उड्डाण चक्र

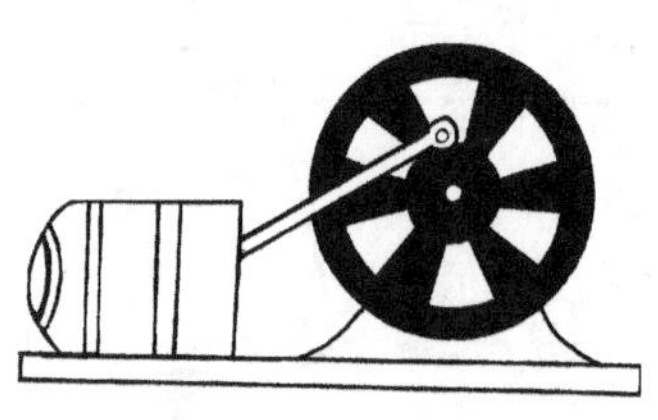

परिघावर जाड असणारे हे एक जड चाक आहे. ते फिरू लागले की लवकर थांबत नाही. इंजिनचा किंवा एखाद्या मशिनचा फिरण्याचा वेग कायम ठेवण्यासाठी फ्लाय व्हीलचा उपयोग करतात.

Focus (फोकस) : केंद्र

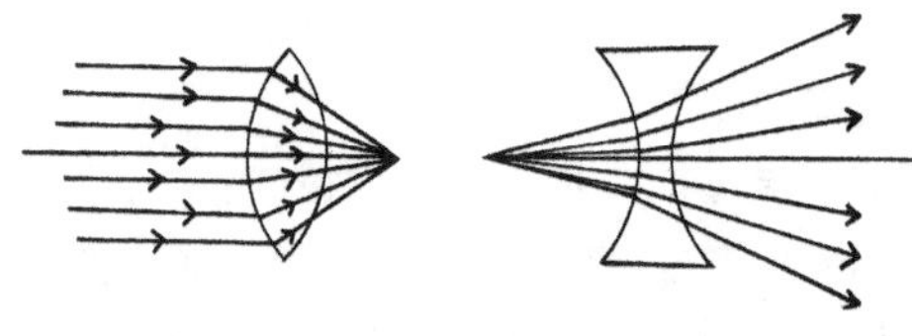

जेव्हा प्रकाशाची शलाका भिंगावर पडते त्यावेळी सर्व प्रकाशकिरण एका बिंदूत एकवटले जातात किंवा एकाच बिंदूतून निघून फाकल्यासारखी वाटतात. त्या बिंदूला केंद्र असे म्हणतात.

Freezing Point (फ्रीझिंग पॉईंट) : गोठण बिंदू

ज्या विशिष्ट तापमानावर दाब कायम असताना एखाद्या द्रव पदार्थाचे घनपदार्थात रूपांतर होऊ लागते त्या स्थिर तापमानास त्या पदार्थाचा गोठण बिंदू म्हणतात. पाणी ०°C वर गोठण्यास सुरुवात होऊन त्याचे बर्फात रूपांतर होऊ लागते म्हणून पाण्याचा गोठण्याचा बिंदू ०°C हा आहे.

Freezing Mixture (फ्रीझिंग मिक्स्चर) : गोठण मिश्रण

एखाद्या पदार्थाचे तापमान खूप कमी करण्यासाठी त्याच्याभोवती दोन पदार्थांचे मिश्रण भरतात. त्या मिश्रणाला गोठण मिश्रण म्हणतात. उदा. आइस्क्रीम तयार करताना मीठ आणि बर्फ यांचे मिश्रण वापरतात.

Friction (फ्रिक्शन) : घर्षणबल

दोन पृष्ठभाग एकमेकांना टेकून हालचाल करीत असताना त्यांच्या हालचालीला विरोध करणारे जे बल असते त्याला घर्षण बल म्हणतात.

Fuse (फ्यूज) : विद्युत्तारिणी

जेव्हा विद्युत् मंडळातून वाहणाऱ्या विद्युत्प्रवाहाचा दाब अचानक वाढतो किंवा शॉर्ट सर्किट होऊन प्रवाहाचा वेग वाढतो, त्यावेळी त्याला जोडलेली विद्युत् उपकरणे बिघडण्याचा किंवा जळण्याचा संभव असतो. असे नुकसान होऊ नये म्हणून विद्युत्मंडळात विद्युत्तारिणी बसविलेली असते. थोडेसे तापमान वाढले की,  ताबडतोब वितळणारी तार यात असते. त्यामुळे शॉर्ट सर्किट होताच ही तार वितळून विद्युत्मंडळ खंडित होते व पुढील नुकसान टळते.

G

Galilean Telescope (गॅलीलियन टेलिस्कोप) : दुर्बीण

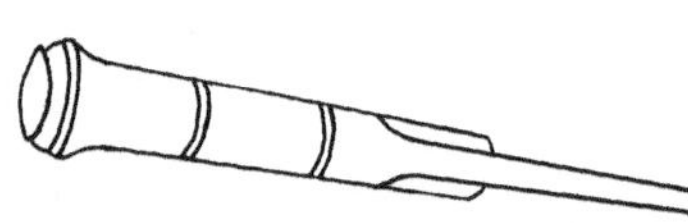

ह्या दुर्बिणीचा शोध गॅलीलिओ गॅलिली नावाच्या शास्त्रज्ञाने लावला. तिच्या साहाय्याने तो आकाश निरीक्षण करीत असे. ह्या दुर्बिणीतील डोळ्याकडील भिंग कमी केंद्रान्तराचे उभय अंतर्गोल प्रकारचे होते व विरुद्ध बाजूला असणारे भिंग लांब केंद्रान्तराचे व उभय बहिर्गोल या प्रकाराचे होते. तिच्या साहाय्याने वस्तूची प्रतिमा जवळ दिसत असे.

Galvanometer (गॅल्व्हनॉमीटर) : विद्युत्दर्शक

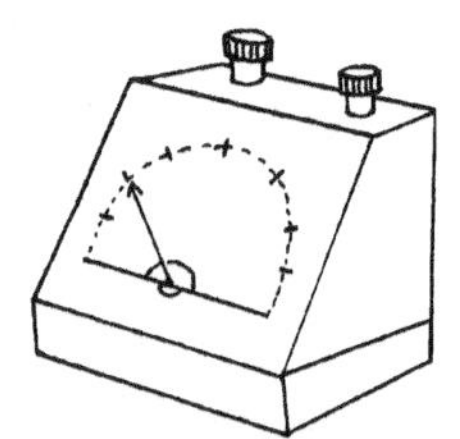

अतिसूक्ष्म प्रमाणातील विद्युत्प्रवाह दाखविण्यासाठी या उपकरणाचा उपयोग करतात. हे उपकरण विद्युत्प्रवाहाच्या विद्युत्-चुंबकीय गुणधर्मावर आधारित आहे. विद्युत्प्रवाह मोजण्यासाठी, विद्युत्प्रवाहाची तुलना करण्यासाठी ह्या उपकरणाचा उपयोग होतो.

Gas-Jar (गॅस जार) : वायुपात्र

हे काचेपासून तयार केलेले उभट दंडगोलाच्या आकाराचे भांडे असते. हे पारदर्शक असते. प्रयोगशाळेत वायू तयार करताना वायू जमा करण्यासाठी तसेच वायूचे निरनिराळे गुणधर्म तपासण्यासाठी या वायुपात्राचा उपयोग करतात.

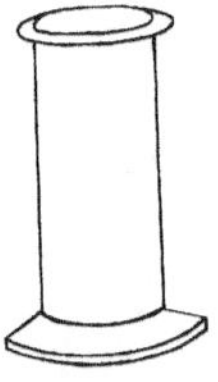

Gas-mask (गॅस मास्क) : गॅसचा मुखवटा

एखाद्या विषारी वायूचा डोळ्यांवर, नाकावर, तोंडावर व चेहेऱ्यावर परिणाम होऊ नये म्हणून गॅस मुखवटा वापरतात.

Gas-stove (गॅस स्टोव्ह)

रॉकेल, तेल तापल्यावर त्याची वाफ होते. ही चटकन पेट घेणारी असते. तिच्या साहाय्याने स्वयंपाक करणे, पाणी गरम करणे इत्यादी कामे होतात. एका पितळी टाकीत रॉकेल भरलेले असते. या टाकीत पंपाने हवा भरली की एका नळीतून रॉकेल गरम बर्नरमधून वर जाते. गरम बर्नरमुळे रॉकेलची वाफ होते व ही पेटते. या पेटलेल्या ज्योतीमुळे दोन कामे होतात. बर्नर नेहमी गरम राहतो व स्वयंपाकासारखी दुसरी कामे होतात.

Generator (जनरेटर) : जनित्र

या यंत्रात यांत्रिक शक्तीचे विद्युत्‌शक्तीत रूपांतर केले जाते. ह्यात लोखंडाभोवती तांब्याची तार गुंडाळून दोन वेटोळी तयार केलेली असतात. त्यांपैकी एक स्थिर व दुसरे फिरणारे असते. स्थिर वेटोळ्यात छोटासा विद्युत्प्रवाह पाठवून त्यात चुंबकत्व आणतात. दुसरे वेटोळे यांत्रिक शक्ती जसे– डिझेल इंजिन, वाफेच्या इंजिनाची शक्ती देऊन फिरवितात. त्यामुळे फिरणाऱ्या वेटोळ्यात विद्युत्प्रवाह तयार होतो. तो इतर कामासाठी वापरतात.

Gold leaf electroscope (गोल्ड लीफ इलेक्ट्रोस्कोप) : विद्युत्दर्शक

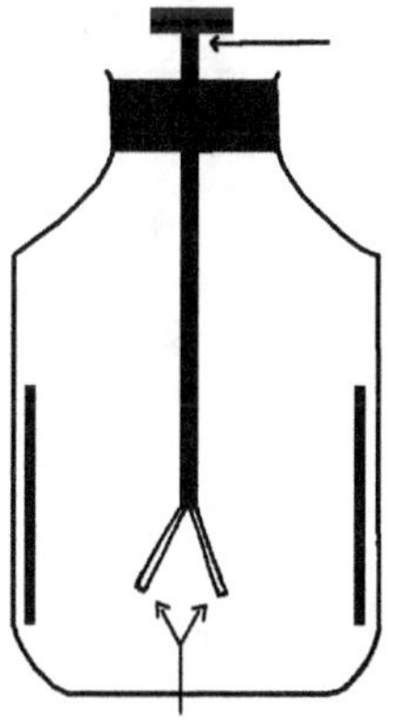

याला मराठीत सुवर्णपत्र विद्युत्दर्शक यंत्र म्हणतात. एखाद्या वस्तूवर स्थिर विद्युत् आहे की नाही, ती कोणत्या प्रकारची (धन व ऋण) आहे हे तपासण्यासाठी या उपकरणाचा उपयोग होतो. एका काचेच्या बरणीच्या बुचातून एक तांब्याचा दांडा आत गेलेला असतो. त्याच्या आतील टोकाला दोन सोन्याची पाने जोडलेली असतात. विद्युत्जागृत दांडा तांब्याच्या दांड्याजवळ आणला असता सोन्याची पाने एकमेकांपासून दूर जातात. त्यावरून विद्युत् जागृती समजते.

Gramophone (ग्रामोफोन)

थॉमस अल्वा एडीसन नावाच्या अमेरिकन शास्त्रज्ञाने या यंत्राचा शोध लावला. वर्तुळाकार लाखेच्या तबकडीवर ती नरम असताना ध्वनीची कंपने मुद्रित केली जातात. नंतर ह्या तबकडीवर रासायनिक क्रिया करून तिला कडक बनवितात. या यंत्रात ही तबकडी वर्तुळाकार फिरते व तिच्यावर मुद्रित केलेल्या रेषांमधून एक सुई फिरते. सुई कंप पावल्यामुळे ध्वनी निर्माण होतो. हा ध्वनी कर्ण्यातून मोठ्याने ऐकू येतो. एकच आवाज किंवा एकच गाणे पुन्हा पुन्हा ऐकण्यासाठी याचा उपयोग होतो.

Gravitational Field (ग्रॅव्हिटेशनल फील्ड) : गुरुत्वीय क्षेत्र

प्रत्येक पदार्थाच्या अंगी गुरुत्व बल असते व ते त्या पदार्थाच्या पृष्ठभागावर व त्याच्या जवळच्या पदार्थावर कार्य करते. जेवढ्या क्षेत्रावर किंवा जेवढ्या क्षेत्रापर्यंत त्याचा प्रभाव जाणवतो, त्या क्षेत्राला त्या पदार्थाचे गुरुत्वीय क्षेत्र असे म्हणतात. ह्या क्षेत्राच्या प्रभावाची दिशा नेहमी त्या पदार्थाच्या गुरुत्वमध्याकडेच असते.

Gun Powder (गन पावडर) : बारूद

हिचा उपयोग बंदुकीची काडतुसे, विहिरीचे खडक फोडण्याच्या नळ्या, इतर अनेक स्फोटक पदार्थ तयार करण्यासाठी होतो. बारूद तयार करण्यासाठी मुख्यत्वे करून कोळसा, गंधक व पोटॅशियम नायट्रेट हे पदार्थ वापरतात. कोळसा व गंधक हे ज्वलनशील पदार्थ आहेत. पोटॅशियम नायट्रेटमध्ये ऑक्सिजन भरपूर असतो. त्यामुळे मिश्रणाचा जोरदार स्फोट होतो.

Haemoglobin (हिमोग्लोबीन) : रक्तातला घटक

रक्तात असणाऱ्या लाल पेशी ऑक्सिजन धारण करतात. त्यांच्यामुळे रक्ताला लाल रंग प्राप्त होतो. ह्या पेशींच्या समूहाला हिमोग्लोबीन म्हणतात. यांच्या अभावामुळे शरीर, नखे पांढरी पडतात, सुस्ती येते, दम लागतो व कोणतेच काम करण्यास उत्साह वाटत नाही.

Haemophilia (हिमोफिलीया)

हा रक्ताचा एक प्रकारचा रोग आहे. शरीराला एखादी जखम होऊन त्यातून रक्त वाहू लागले म्हणजे रक्तातील एक विशिष्ट द्रव्य त्या ठिकाणी जाऊन तेथे रक्ताची गुठळी बनविते व जखमेचे तोंड बंद करून वाहणारा रक्तप्रवाह बंद करते. ज्या व्यक्तीला हिमोफिलीया हा विकार असतो त्या व्यक्तींच्या रक्तात हे द्रव्य नसते. त्यामुळे त्यांना झालेली जखम व त्यातून वाहणारे रक्त थांबत नाही. अशा व्यक्तींना आपल्या शरीराला जखम होऊ न देण्याची खबरदारी घ्यावी लागते.

Hair Hygrometer (हेअर हायग्रोमीटर) : केसाचे आर्द्रतामापक

आपल्या केसांच्या अंगी एक गुणधर्म आहे. कोरड्या, उष्ण वातावरणात त्यांची लांबी कमी होते व ओलसर हवेत त्यांची लांबी वाढते. ह्या गुणधर्माचा उपयोग करून केसाचे आर्द्रतामापक यंत्र तयार केलेले असते. याच्या साहाय्याने हवेतील ओलाव्याचे प्रमाण मोजता येते.

Hard Water (हार्ड वॉटर) : कठीण पाणी

पाण्यात साबणचुरा घालून ढवळला असता काही प्रकारच्या पाण्यात भरपूर फेस तयार होतो तर काही प्रकारच्या पाण्यात नासलेल्या दह्याप्रमाणे साका तयार होतो. ज्या पाण्यात फेस तयार होत नाही त्याला कठीण पाणी म्हणतात. पाण्यात कॅल्शियम, मॅग्नेशियम व लोखंडाची संयुगे विरघळल्यास कठीण पाणी तयार होते.

Hover craft (हॉवर क्राफ्ट)

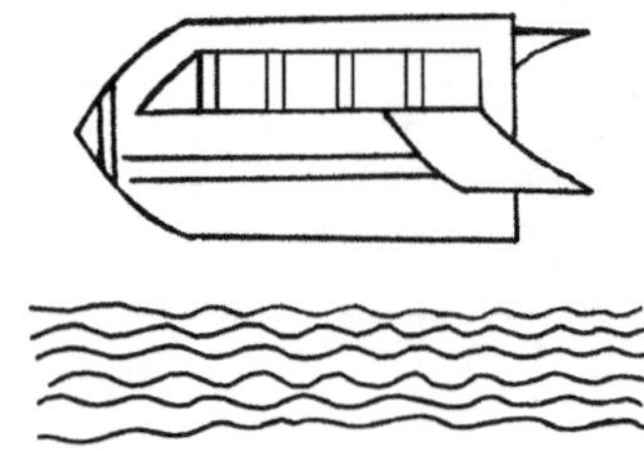

हा वाहनाचा एक प्रकार आहे, पण यात वाहनाला चाके नसतात; तर हवा भरलेल्या गाद्या असतात. एका विशिष्ट यंत्रणेद्वारे ह्या वाहनाच्या बुडाशी हवेची गादी तयार केली जाते. त्यामुळे ते वाहन जमिनीपासून वर उचलले जाते व धावू लागते. हे वाहन जमिनीपासून सहा इंच उंचीवरून प्रवास करते त्यामुळे दलदल, उंच टेकडी, पाणी यावरून ते प्रवास करण्यास उपयुक्त ठरते.

Hydroelectricity (हायड्रोइलेक्ट्रिसिटी) : जलविद्युत्

जनित्रातील वेटोळे हे बाह्यशक्तीने फिरविले असता त्यात विद्युत्प्रवाह तयार होतो. त्या विद्युत्च्या साहाय्याने इतर कामे करून घेता येतात. जनित्रातील वेटोळे फिरविण्यासाठी निरनिराळी यंत्रे वापरतात. छोट्या जनित्रासाठी डिझेल इंजिन, मोठ्या जनित्राला फिरविण्यासाठी वाफेचे इंजिन वापरतात. काही ठिकाणी उंचावरून पडणाऱ्या पाण्याच्या प्रवाहाने टर्बाइन फिरवितात व त्याने जनित्र फिरवून वीज तयार करतात. अशा तऱ्हेने तयार झालेल्या विजेला जलविद्युत् म्हणतात.

Hydraulic Press (हायड्रॉलिक प्रेस) : जलदाब यंत्र

हे यंत्र पास्कलच्या नियमाने काम करते. यामध्ये दोन सिलेंडर्स असतात. त्यांपैकी एकाचा व्यास लहान व दुसऱ्याचा व्यास मोठा असतो. दोन्ही सिलेंडर्स एकमेकांना जोडलेले असतात. त्यात पाणी भरलेले असते. इतर वेळी दोन्ही सिलेंडर्समधील पाण्याची पातळी एकच असते. लहान सिलेंडरच्या पाण्यावर एका पिस्टनच्या साहाय्याने दाब दिला असता ह्या दाबाच्या कितीतरी पट अधिक दाब

मोठ्या सिलेंडरमध्ये तयार होतो. ह्या दाबाने मोटार वर उचलणे, कापसाच्या गाठी बांधणे अशी मोठमोठी कामे करून घेता येतात.

Hydrometer (हायड्रोमीटर) : जलगुरुत्वमापक

एखाद्या द्रवपदार्थाची घनता किंवा विशिष्ट गुरुत्व मोजण्यासाठी या उपकरणाचा उपयोग होतो. एका लांब, जाड तारेला खालच्या टोकाला एक वजनदार फुगा जोडलेला असतो. हे उपकरण द्रवात टाकले असता ते सरळ उभे राहते. ते पाण्यात किती बुडते, दुधात किंवा इतर द्रवात किती बुडते यावरून त्या द्रव पदार्थाची घनता काढता येते.

Hydrostatics (हायड्रोस्टॅटिक्स) : जलस्थितिशास्त्र

या शास्त्राच्या विभागात द्रव पदार्थातील बल व दाब यांचा अभ्यास केला जातो.

I

Ice (आइस) : बर्फ

जेव्हा पाण्याचे तापमान उतरून कमी कमी होत जाते तसतशी पाण्याची घनता वाढत जाते. ४°C वर ती सर्वाधिक असते. ४°C पेक्षा पाण्याचे तापमान कमी झाले तर घनता कमी होत जाते. ०°C वर पाण्याचे बर्फात रूपांतर होऊ लागते व त्याचा (घनरूप पाणी) बर्फ तयार होतो.

Image (इमेज) : प्रतिमा

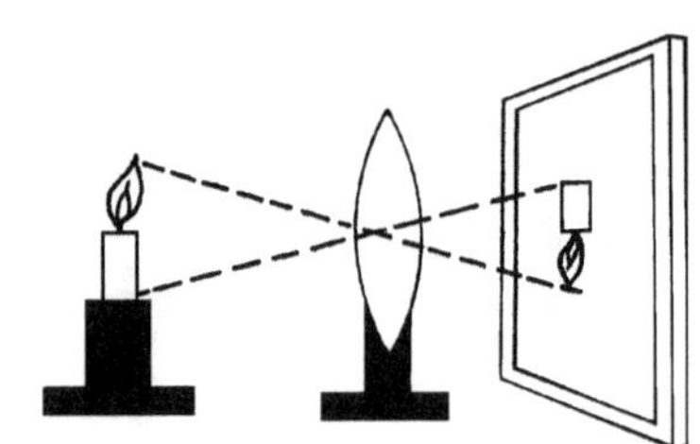

एखाद्या वस्तूपासून निघालेले प्रकाश किरण परावर्तित होऊन किंवा वक्रीभूत होऊन एका बिंदूत मिळतात तेव्हा त्या ठिकाणी वस्तूची छोटी प्रतिमा तयार होते. त्या प्रतिमेला खरी प्रतिमा म्हणतात. ही पडद्यावर उमटविता येते. त्याउलट एका पदार्थापासून निघालेले किरण पुढे जाऊन फाकतात किंवा फाकल्यासारखे वाटतात. त्यामुळे याची प्रतिमा भ्रामक असते. ती पडद्यावर उमटविता येत नाही.

Incandescent lamp (इन्कॅण्डेसंट लँप) : शुभ्र प्रकाश देणारा दिवा

हा विजेवर चालणारा दिवा असतो. यामध्ये कार्बन, ऑस्मियम, टंगस्टन इत्यादींचे तंतू वापरलेले असतात. दिव्याच्या बल्बमध्ये नायट्रोजन, ऑरगान असे निष्क्रिय वायू भरलेले असतात. जेव्हा फिलॅमेंटमधून विजेचा प्रवाह वाहू लागतो त्यावेळी फिलॅमेंट तापून लाल होते व नंतर पांढरी होते आणि त्याचा प्रकाश पडतो. बल्बमध्ये निष्क्रिय वायू भरलेले असल्यामुळे फिलॅमेंट जळून राख होत नाही.

Inclination (इनक्लिनेशन) : झुकाव

याला अँगल ऑफ डीप असेही म्हणतात. पृथ्वीचे चुंबकीय क्षेत्र आणि पृथ्वीवरील कोणत्याही ठिकाणची क्षितिज पातळी यामधील कोनास अँगल ऑफ डीप असे म्हणतात. हा कोन δ (डेल्टा) या अक्षराने दर्शवितात.

Induction (इंडक्शन) : प्रवर्तन

प्रत्यक्ष स्पर्श न करता केवळ एका चुंबकध्रुवाच्या सान्निध्यामुळे चुंबकीय पदार्थात चुंबकत्व निर्माण होण्याच्या क्रियेला चुंबकीय प्रवर्तन म्हणतात. त्याचप्रमाणे स्थिर विद्युत्भारीत दांडा जर दुसऱ्या वस्तूच्या टोकाजवळ आणला तर त्या वस्तूच्या टोकात विजातीय विद्युत् जमा होते. याला स्थिर विद्युत् प्रवर्तन म्हणतात.

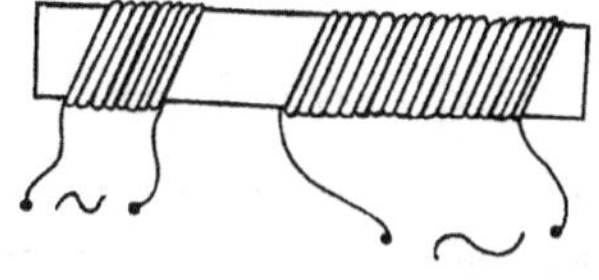

Induction Coil (इंडक्शन कॉईल) : प्रवर्तनीय वेटोळे

हे असे वेटोळे असते की, कमी व्होल्टेजच्या (दाबाच्या) विजेच्या प्रवाहापासून जास्त व्होल्टेजचा प्रवाह देते. यामध्ये नरम लोखंडाच्या गाभ्यावर रोधित तारेची प्रायमरी व सेकंडरी अशी दोन वेटोळी गुंडाळलेली असतात. सेकंडरी वेटोळ्यात प्रायमरी वेटोळ्यापेक्षा कितीतरी पट जास्त वेटोळी दिलेली असतात. पटापट बदलणारा कमी दाबाचा विद्युत्प्रवाह प्रायमरी वेटोळ्याला दिला की, जास्त दाबाचा विद्युत्प्रवाह सेकंडरी वेटोळ्यात तयार होतो.

Inertia (इनर्शिया) : जडत्व

एखादी वस्तू स्थिर असेल आणि तिच्यावर कोणत्याही बाह्य बलाचा परिणाम होत नसेल, तर ती वस्तू स्थिरच राहते किंवा वस्तू सरळ रेषेत गतिमान असेल व तिच्यावर कोणत्याही बाह्य बलाचा परिणाम होत नसेल तर ती वस्तू आहे तशीच गतिमान राहते. ह्याच गुणधर्माचा उपयोग न्यूटनच्या पहिल्या गतिविषयक नियमात केलेला आहे.

Infinity (इन्फिनिटी) : अनंत

हे असे परिमाण आहे की, ते मोजण्याच्या पलीकडचे आहे. म्हणजेच ते

मोजता येत नाही. हे परिमाण या अक्षराने दर्शवितात.

Insoluble (इन्सोल्युबल) : अद्राव्य

एखादा पदार्थ जर पाण्यात विरघळत नसेल तर तो पदार्थ पाण्यात अद्राव्य असे समजतात. काही प्रमाणात काही पदार्थ पाण्यात विरघळून द्रावण तयार करतात.

Insulator (इन्सुलेटर) : रोधक, दुर्वाहक

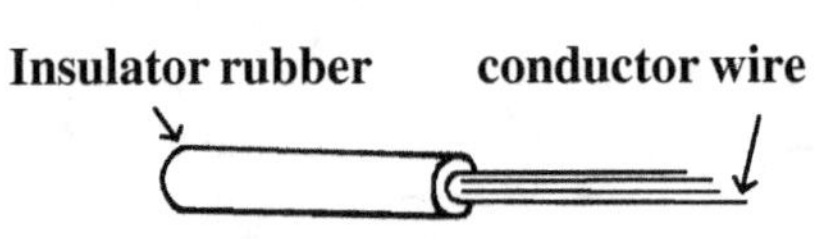

ज्या पदार्थातून विजेचा प्रवाह वाहू शकत नाही अशा पदार्थांना रोधक पदार्थ म्हणतात. काच, रबर, लाकूड, कापूस, चिनीमाती, प्लॅस्टिक ही रोधक पदार्थांची काही उदाहरणे आहेत. तसेच ज्या पदार्थातून उष्णता वाहत नाही किंवा जे पदार्थ उष्णतेने गरम होत नाहीत अशांना सुद्धा रोधक म्हणतात. लाकूड, रबर, प्लॅस्टिक ही त्याची उदाहरणे आहेत.

Intensifier (इण्टेन्सिफायर)

फोटोग्राफीच्या कामात प्रथम फिल्मवर निगेटिव्ह तयार करतात. त्यावेळी डेव्हलपिंग टाईम कमी झाला, ॲपरचर लहान ठेवले गेले किंवा स्पीड जर जास्त झाला असेल तर निगेटिव्हवरची प्रतिमा पुसट येते. अशावेळी तिच्यावरून निघणारा फोटो बरोबर येत नाही. म्हणून निगेटिव्हवरील प्रतिमा जाड व डार्क करून घ्यावी लागते. ह्या क्रियेसाठी जी रसायने वापरतात त्यांना इण्टेन्सिफायर म्हणतात.

Inverter (इन्व्हर्टर)

या उपकरणाच्या साहाय्याने एकाच दिशेने वाहणाऱ्या विद्युत्प्रवाहाचे म्हणजे डी.सी. विद्युत्प्रवाहाचे रूपांतर उलट-सुलट दिशेने वाहणाऱ्या विद्युत्प्रवाहात म्हणजे ए.सी. प्रवाहात केले जाते.

J

Jet Propulsion (जेट प्रोपल्शन)

एका बंदिस्त जागेत वायूंचे मिश्रण पेटविले जाते त्यावेळी त्या जागेत वायूंचा प्रचंड दाब तयार होतो. ह्या वायूंना जेव्हा एखाद्या लहान छिद्रातून बाहेर सोडले जाते, त्यावेळी खूप वेगाने ते बाहेर पडतात व ती बंदिस्त जागा उलट दिशेने स्थलांतर करू लागते. ह्याच तत्त्वाचा उपयोग जेट विमानामध्ये केलेला असतो. विमानाच्या पाठीमागच्या छिद्रातून जळालेल्या वायूचा झोत जोराने बाहेर पडतो व विमान पुढच्या दिशेने झेपावते. दिवाळीत आपण उडवितो ते फटाक्याचे रॉकेट याच तत्त्वाने वर आकाशात उडते.

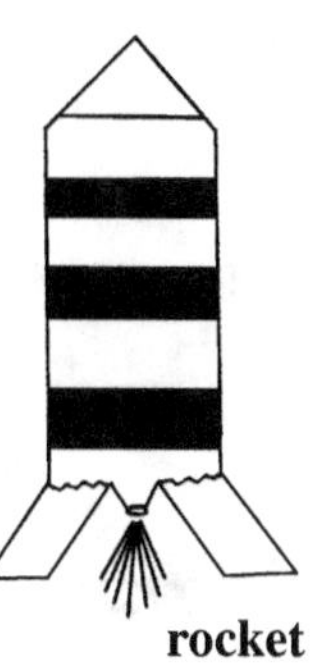

rocket

Joule's law (ज्यूल्स लॉ) : ज्यूलचा नियम

जर विद्युत्प्रवाह 'आय' हा 'आर' ह्या रोधकातून 'टी' ह्या वेळेपुरता वाहत असेल तर त्याने निर्माण झालेली उष्णता I^2Rt ह्या सूत्राने मिळते. जर प्रवाह अँपीअरमध्ये असेल, रोधक ओहममध्ये असेल आणि वेळ सेकंदात असेल तर उष्णता ज्यूलमध्ये मोजतात.

Jack (जॅक)

ट्रक, मोटारी अशी जड वाहने पंक्चर झाली तर त्यांचे चाक बदलावे लागते. ह्या क्रियेसाठी वाहन वर उचलावे लागते; ते उचलण्याचे काम जॅकच्या साहाय्याने होते. याला एक लांब दांडा असतो, तो आडवा फिरविला की त्याचा उभा दांडा वर जातो. अशा प्रकारे जड वाहन हळूहळू वर उचलले जाते.

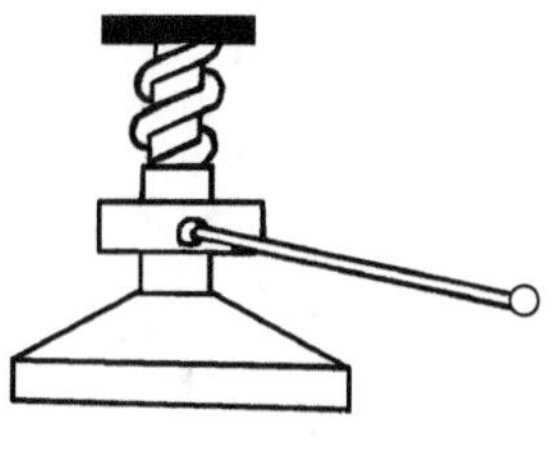

Junction (जंक्शन) : सांधा

ज्या स्टेशनवर एका रेल्वेमार्गाला जोडून दुसरा आडवा रेल्वेमार्ग असतो त्याला जंक्शन म्हणतात. या ठिकाणी प्रवाशांना गाडी बदलावी लागते. आपल्या महाराष्ट्रात भुसावळ हे मोठे जंक्शन आहे.

Jute (ज्यूट) : ताग

तागाची झाडे पाण्यात भिजत घालतात त्यामुळे त्यांची साल खोडापासून अलग होते. अशी साल जमा करतात. तिला स्वच्छ करून त्यापासून सुतळी, गोणपाट इत्यादी बारदाना तयार करतात. दोऱ्या, जाजम, शोभेच्या वस्तूसुद्धा ज्यूटपासून तयार करतात. ह्याला रंग देऊन स्वेटरसुद्धा तयार होतात.

Joint (जॉईंट) : जोड

शरीराच्या आतील हाडाच्या सापळ्यातील दोन हाडे ज्या ठिकाणी एकमेकांना मिळतात, त्या ठिकाणाला सांधा किंवा जोड म्हणतात. सांध्यामुळे आपणास हवी असलेली हालचाल करता येते.

Jack plug and socket (जॅक प्लग अँड सॉकेट)

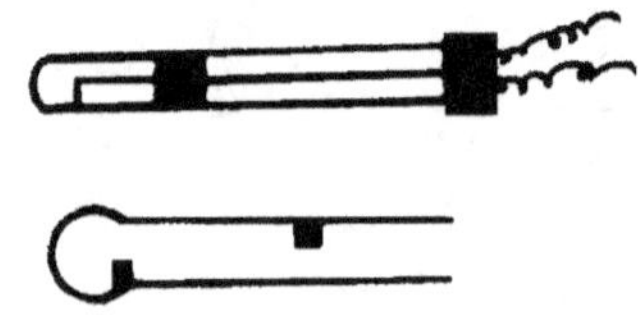

हा प्लग-सॉकेटचा एक प्रकार आहे. प्लग म्हणून लांब धातूची काडी असते. हिच्यावरच वायर जोडण्याचे दोन पॉईंट्स असतात. त्याला वायर जोडतात. सॉकेट म्हणजे दोन पॉईंट्स असलेली एक नळीच असते. ह्या नळीत प्लग घातला की सॉकेटमधील वीजप्रवाह प्लगमध्ये येतो.

Jet (जेट) : फवारा

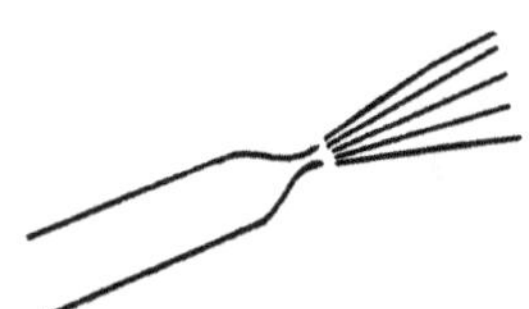

रुंद नळीच्या टोकाला बारीक छिद्राचे टोक बसविले आणि नळीतून द्रव पदार्थ जोराने पाठविला तर बारीक छिद्रातून द्रवाचा फवारा उडतो. नळीच्या ह्या टोकाला जेट असे म्हणतात.

Kaleidoscope (कॅलिडोस्कोप) : शोभादर्शक

हे प्रकाशाच्या नियमावर आधारलेले खेळणे आहे. एका नळीत तीन काचेच्या समान रुंदीच्या लांब पट्ट्या बसविलेल्या असतात. प्रत्येक दोन पट्ट्यांमधील कोन 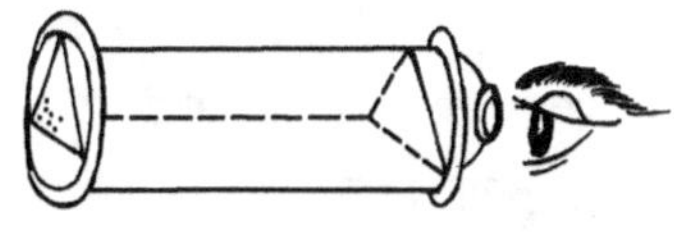 ६० अंशाचा असतो. नळीच्या एका टोकाला घाशीव काचेचा पडदा असतो व त्याच्या आतील बाजूस रंगीत काचेचे बारीक तुकडे टाकलेले असतात. दुसऱ्या बाजूच्या छिद्रातून आतमध्ये बघितले असता रंगीत काचेच्या अनेक सारख्या प्रतिमा रांगोळीप्रमाणे सुंदर दिसतात.

Keepers of magnet (कीपर्स ऑफ मॅग्नेट) : चुंबकरक्षक

कायम स्वरूपाचे चुंबक सरळ पट्टीप्रमाणे आणि नालाकृती असतात. जेव्हा हे चुंबक वापरात नसतात त्यावेळी त्यांच्यातील चुंबकीय व्यवस्था 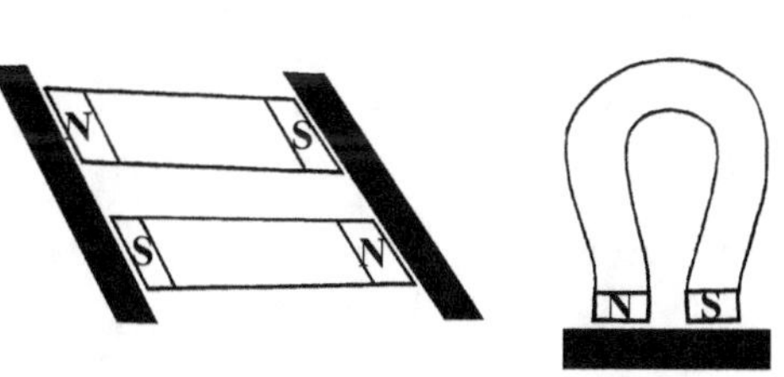 विस्कळीत होऊन त्यातील चुंबकाचा प्रभाव कमी होऊ लागतो. अशा वेळी त्यांच्या टोकाला नरम लोखंडाची पट्टी लावून ठेवतात. नालाकृती चुंबकाला त्याच्या दोन्ही टोकांना टेकणारी एक नरम लोखंडाची पट्टी टेकवून ठेवतात. पट्टी-चुंबक सरळ असतात. एका लाकडी पेटीत दोन चुंबक पट्ट्या त्यांचे विरुद्ध ध्रुव जवळजवळ ठेवून त्यांच्या दोन्ही टोकांना टेकणाऱ्या दोन लोखंडी पट्ट्या ठेवलेल्या असतात.

Kipp's Apparatus (किप्स ॲपरॅटस्) : किपचे उपकरण

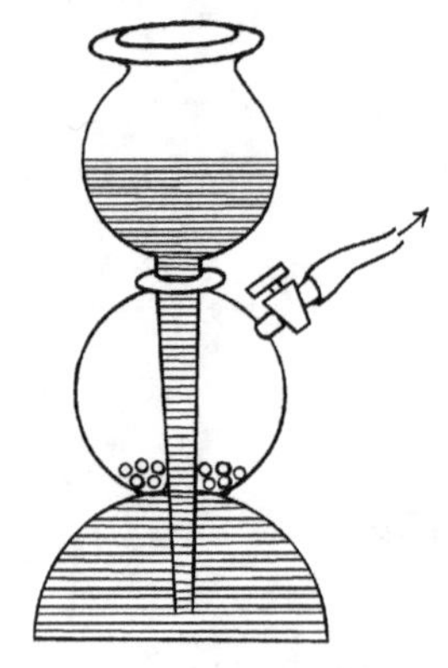

हे उपकरण प्रयोगशाळेत वापरतात. एखाद्या घन पदार्थांवर द्रव पदार्थाची प्रक्रिया करून वायू तयार करून तो वायू उपयोगात आणला जातो. ह्या क्रियेत उष्णता वापरली जात नाही. दोन चंबू एकमेकांना जोडलेले असतात. लांब तोटी असलेला तिसरा चंबू याच्यात बसविलेला असतो. मध्यभागी असलेल्या चंबूत एखाद्या पदार्थाचे खडे ठेवलेले असतात. वरच्या चंबूतील द्रवपदार्थ तळाच्या चंबूत उतरून खड्यावर रासायनिक क्रिया करतो व वायू तयार होतो. हा वायू मधल्या चंबूला असलेल्या तोटीतून बाहेर घेतला जातो. तोटी बंद केली की वायूच्या दाबामुळे द्रव खाली सरकतो व वायू तयार होण्याची क्रिया बंद पडते.

Kinetic Engergy (कायनेटिक एनर्जी) : गतिजन्य ऊर्जा

एखाद्या गतिशील वस्तूमुळे जी ऊर्जा मिळते तिला गतिजन्य ऊर्जा म्हणतात. M वस्तुमानाचा पदार्थ, V वेगाने जात असेल तर $KE = 1/2\ MV^2$ एवढी ऊर्जा मिळेल.

L

Laboratory (लॅबोरेटरी) : प्रयोगशाळा

शास्त्रीय विषयाचे प्रयोग करण्यासाठी एक वेगळी खोली किंवा मोठा हॉल असतो. ह्या खोलीत त्या त्या विषयाच्या प्रयोगासाठी आवश्यक असणारी रसायने, साहित्य सुसंगतवार मांडलेले असते, त्यामुळे ते लवकर सापडते. ह्या प्रयोगशाळा अनेक विषयाच्या असतात. भौतिकशास्त्र, रसायनशास्त्र, जीवशास्त्र, वनस्पतीशास्त्र इत्यादी विषयांच्या प्रयोगशाळा असतात.

Lactometer (लॅक्टोमीटर) : दुग्ध दाढर्यमापक

शिसपेन्सिलीच्या आकाराचे हे उपकरण असते. हे उपकरण दुधात सोडले असता सरळ उभे राहते. त्याचा काही भाग दुधात बुडतो व काही भाग वर राहतो. शुद्ध दुधात ते किती बुडते ते पाहून तेथे खूण करतात. नंतर शुद्ध पाण्यात किती बुडते ते पाहून तेथे खूण करतात. ह्या दोन खुणांमधील अंतराचे समान भाग केलेले असतात. विकत घेतलेल्या दुधात किती टक्के पाणी आहे हे ह्या उपकरणाने समजते.

Lamp Black (लँप ब्लॅक) : काजळी

ऑक्सिजनच्या कमी पुरवठ्यात घासलेट किंवा टरपेंटाईन जाळले जाते. त्यावेळी त्यांच्या ज्योतीमधून जास्तीतजास्त काजळी बाहेर पडते. ती काजळी घोंगड्यावर जमा करतात. ह्या काजळीपासून काळा रंग तयार करतात.

Lens (लेन्स) : भिंग

एका विशिष्ट काचेपासून भिंग तयार करतात. ह्याला वक्राकार दोन पृष्ठभाग असतात. ह्यातून जाणारी समांतर प्रकाशकिरणे एका विशिष्ट बिंदूत एकत्र होतात. ह्या भिंगाचा प्रयोग चष्मे, दुर्बीण, कॅमेरा, सूक्ष्मदर्शक यंत्र आणि इतर प्रकाशीय उपकरणांत करतात.

Lever (लिव्हर) : तरफ

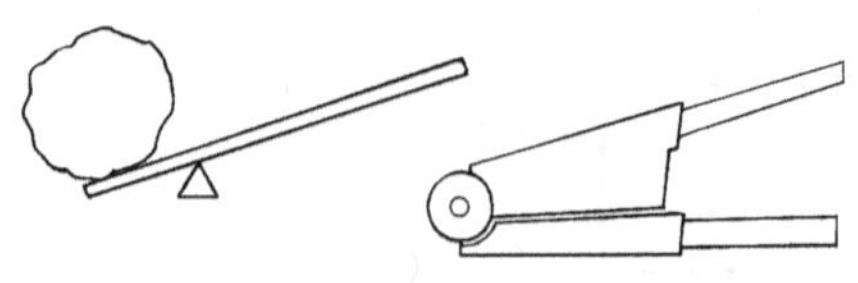

हा एक मजबूत दांडा असतो. आधार देणाऱ्या फळीच्या एका विशिष्ट बिंदूभोवती हा गोल फिरू शकतो. निरनिराळ्या यंत्रांत जसे अडकित्ता, कैची, तराजू, मोटार गाडी उचलण्याचे जॅक यांमध्ये याचा वापर केला जातो.

Leyden Jar (लेडन जार) : लेडन पेला

दोन पदार्थांच्या घर्षणाने तयार होणारी स्थिर विद्युत् साठविण्यासाठी ह्याचा उपयोग करतात. एका काचेच्या पेल्याच्या आतून व बाहेरच्या बाजूला धातूचा पातळ पत्रा बसवून हे तयार केलेले असते. आतील पत्र्याला टेकलेला एक तांब्याचा दांडा असतो. एखाद्या पदार्थावर जमा झालेली स्थिर विद्युत् या दांड्यावाटे पेल्याच्या पत्रात साठविली जाते. बाहेरचा पत्रा आणि दांडा यांचा एखाद्या तारेने संपर्क आणला तर त्या ठिकाणी ठिणगी पडून हा पेला डिस्चार्ज होतो.

Lightning conductor (लाइटनिंग कंडक्टर) : वीजरक्षक

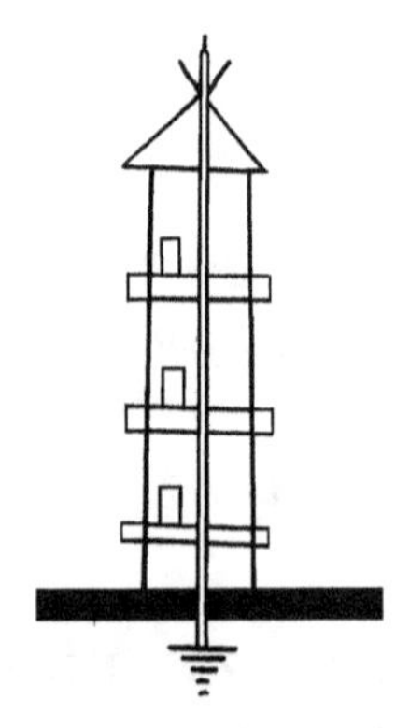

जेव्हा ढगाळ वातावरण असते त्यावेळी एका ढगावर असणारा विद्युत्भार दुसऱ्या ढगावर जातो. त्यावेळी मोठी ठिणगी पडून मोठा गडगडाट होतो. कधी कधी हा विद्युत्भार जमिनीकडे ओढला जातो व त्यामुळे मोठमोठ्या इमारतींची हानी तसेच मनुष्यहानी सुद्धा होते. हे टाळण्यासाठी एका जाड गजाला टोकदार करून ते टोक इमारतीच्या सर्वात उंच भागापेक्षा वर नेऊन खालचे टोक जमिनीत गाडतात. त्यामुळे विद्युत्भार जर कोसळलाच तर तो गजामधून सरळ जमिनीत निघून जातो व त्यामुळे इमारतीला धक्का पोहोचत नाही.

Light year (लाईट इयर) : प्रकाश वर्ष

प्रकाशकिरणाचा प्रवास करण्याचा वेग दर सेकंदाला १,८६००० मैल एवढा आहे. किलोमीटरमध्ये हा वेग तीन लक्ष कि.मी. होतो. या दराने मिनिटाला,

तासाला, दिवसाला आणि एका वर्षाला १००,०००,०००,०००,००० किलोमीटर होतो. इतक्या अंतराला एक प्रकाशवर्ष म्हणतात.

Lime water (लाईम वॉटर) : चुन्याची निवळी

कळीचा चुना पाण्यात टाकल्यावर फसफसतो व पाणी गरम होऊन काही पाण्याची वाफ होते. चुन्याचे खडे फुटून विरलेला चुना तयार होतो. हा चुना शांत झाल्यानंतर वरच्या बाजूला जे नितळ पाणी जमा होते त्याला चुन्याची निवळी म्हणतात. फक्त कार्बनडायऑक्साईड वायूमुळे ह्या स्वच्छ निवळीचा रंग दुधाप्रमाणे पांढरा होतो. म्हणून कार्बनडायऑक्साईड वायूचे अस्तित्व ह्या निवळीमुळे ओळखले जाते.

M

Crane (क्रेन) : यारी

हे एक प्रकारचे उपकरण असते. एखाद्या रोधाच्या विरोधात एका विशिष्ट बिंदूवर बल लावून मोठे काम या यंत्राने केले जाते. त्यामुळे आपणास यांत्रिक फायदा मिळतो. याची सोपी उदाहरणे म्हणजे तरफ, कप्पी आणि जलदाब यंत्र ही आहेत. तरफेच्या साहाय्याने कमी बल लावून मोठमोठे लाकडी ओंडके सरकविता येतात, मोठमोठे दगड हलविले जातात. कप्पीची योजना करून कमी बल उपयोगात आणून जास्त वजन उचलता येते. जलदाब यंत्राने वजनदार मोटारी वर उचलल्या जातात.

Magnadur (मॅग्नाडूर) : लोह

हा लोखंडाचा विशिष्ट प्रकार आहे. कायम चुंबकत्व राहणारे लोहचुंबक तयार करण्यासाठी याचा उपयोग होतो.

Magnet (मॅग्नेट) : लोहचुंबक

ज्या पदार्थात लोखंडाला आकर्षित करण्याचा गुणधर्म असतो त्याला लोहचुंबक म्हणतात. सर्वात प्रथम याचा शोध आशिया मायनरमध्ये लागला. तेथील एका टेकडीवर असणाऱ्या खडकात लोखंडाला आकर्षित करण्याचा गुणधर्म होता. कोणत्याही चुंबकाला दोन ध्रुव असतात. एक दक्षिण व दुसरा उत्तर. बिनपिळाच्या धाग्याने हा चुंबक आडवा टांगला तर त्याचे एक टोक उत्तर दिशेकडे व दुसरे टोक दक्षिण दिशेकडे स्थिर होते. दोन चुंबकीय विजातीय ध्रुव एकमेकांना जवळ ओढतात व सजातीय ध्रुव एकमेकांना दूर लोटतात.

Magnetic Induction (मॅग्नेटिक इंडक्शन) : चुंबक प्रवर्तन

लोह, निकेल अशा चुंबकीय पदार्थांजवळ एखादा प्रबळ चुंबकाचा ध्रुव आणला,

तर केवळ सान्निध्याने त्या चुंबकीय पदार्थाच्या जवळच्या टोकात विजातीय ध्रुव तयार होतो व विरुद्ध बाजूच्या टोकात सजातीय ध्रुव तयार होतो. जोपर्यंत प्रबळ चुंबक जवळ आहे तोपर्यंत तो पदार्थ चुंबकाचे गुणधर्म दाखवितो. प्रबळ चुंबक दूर केल्यावर त्या पदार्थांत आलेले चुंबकत्वसुद्धा नाहीसे होते.

Magnetic pole (मॅग्नेटिक पोल) : चुंबकीय ध्रुव

कोणत्याही चुंबकाला दोन टोके किंवा बाजू असतात. त्यापैकी एका टोकाला उत्तर ध्रुव व दुसऱ्याला दक्षिण ध्रुव म्हणतात. हा चुंबक टांगला असता त्याचा उत्तर ध्रुव नेहमी पृथ्वीच्या उत्तर दिशेकडे असतो व दक्षिण ध्रुव दक्षिण दिशेकडे असतो.

Magnetic compass (मॅग्नेटिक कंपास) : होकायंत्र

चुंबकाच्या दक्षिण-उत्तर स्थिर राहण्याच्या गुणधर्माचा उपयोग करून घेऊन होकायंत्र तयार केलेले असते. एका अल्युमिनियमच्या डबीत उभ्या सुईच्या टोकावर क्षितिज पातळीत सहज फिरू शकेल अशी चुंबक सुई ठेवलेली असते. तिच्या खाली दिशा दाखविणारे गोलाकार कार्ड असते. डबीला वरून काचेचे झाकण असते. ही सुई नेहमी दक्षिण उत्तर दिशा दाखविते– यावरून इतर दिशांचे ज्ञान होते. वाळवंट, दाट जंगल, जहाजातून प्रवास करणारे खलाशी, विमानातील पायलट यांना आपण कोणत्या दिशेने जात आहोत व आपणास कुणीकडे जावयाचे आहे हे ठरविण्यासाठी होकायंत्राचा उपयोग होतो.

Magneto (मॅग्नेटो) : जनित्र

अनेक चुंबकांच्या मधोमध तांब्याच्या तारेचे वेटोळे फिरवून विजेचा उलट-सुलट प्रवाह तयार करणारे हे एक यंत्र आहे. सायकलच्या डायनामोमध्ये तसेच मोटारसायकलच्या इंजिनामध्ये हे यंत्र वापरून उलट-सुलट प्रवाह तयार केला जातो व त्यामुळे प्लगमध्ये स्पार्किंग घडवून आणले जाते. तसेच बल्बसुद्धा प्रकाशमान केला जातो. जनित्राचा हा एक छोटा प्रकार आहे.

Magnetic Tape (मॅग्नेटिक टेप) : चुंबकीय फीत

प्लॅस्टिकच्या पट्टीवर आयर्न ऑक्साईडचा थर देऊन ही पट्टी तयार करतात. हिचा उपयोग टेपरेकॉर्डरमध्ये केलेला असतो. भाषण, गाणे इत्यादींचा संग्रह करून ठेवण्यासाठी, जेव्हा इच्छा 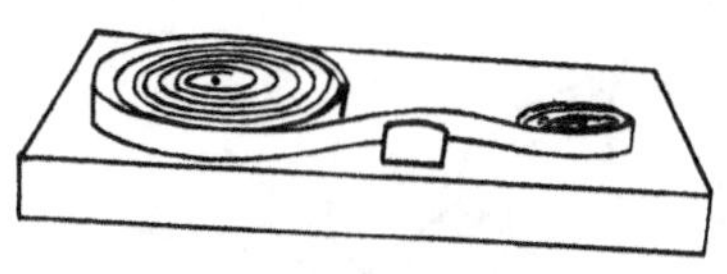 होईल तेव्हा पुन्हा ऐकण्यासाठी ह्या पट्टीचा उपयोग होतो. मोठ्या कार्यक्रमाचे रेकॉर्डिंग करण्यासाठी ह्या पट्टीचे मोठे रीळ वापरतात. टेपरेकॉर्डरमध्ये हे रीळ बसवून

किती ही वेळा तो कार्यक्रम ऐकता येतो.

Magnetic chain (मॅग्नेटिक चेन) : चुंबकमाळ

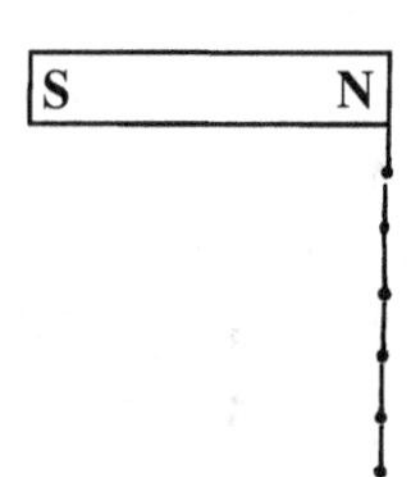

चुंबकाच्या स्पर्शाने चुंबकीय पदार्थ एकमेकांना चिकटून त्यांची साखळी तयार होते, त्याला चुंबकीय माळ म्हणतात. उदा. चुंबकाच्या एका टोकाला एक लोखंडी टाचणी चिकटवावी. तिच्यात चुंबकीय गुणधर्म येतो. ह्या टाचणीच्या मोकळ्या टोकाला दुसरी टाचणी चिकटते. दुसऱ्या टाचणीच्या मोकळ्या टोकाला तिसरी टाचणी चिकटते व माळ तयार होते. जोपर्यंत पहिली टाचणी चुंबकाला चिकटलेली आहे तोपर्यंत ही माळ कायम राहते. चुंबक काढून घेतला की, सर्व टाचण्या खाली पडतात.

Make and break (मेक अँड ब्रेक) : चालू-बंद

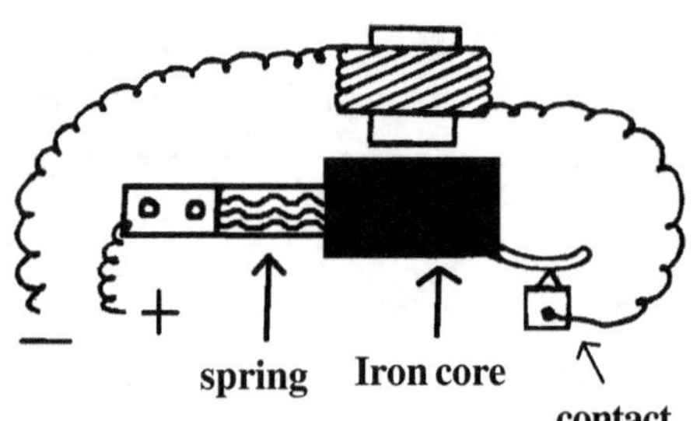

एखादे विद्युत्मंडल आपोआप चालू आणि बंद करण्याच्या यंत्रणेला मेक अँड ब्रेक म्हणतात. याचे उत्तम उदाहरण म्हणजे दारावरील बेल होय. ह्या घंटीत जेव्हा विद्युत्मंडल जोडले जाते त्यावेळेस घंटीवर टोला आपटतो पण त्याचवेळी विद्युत्मंडल खंडित होते व टोला पुन्हा पहिल्या ठिकाणी परत येतो. त्याचवेळी विद्युत्मंडल जोडले जाते व पुन्हा टोला घंटीवर आपटतो. अशा प्रकारे घंटी वाजत राहते.

Magnification (मॅग्निफिकेशन) : वर्धनशक्ती

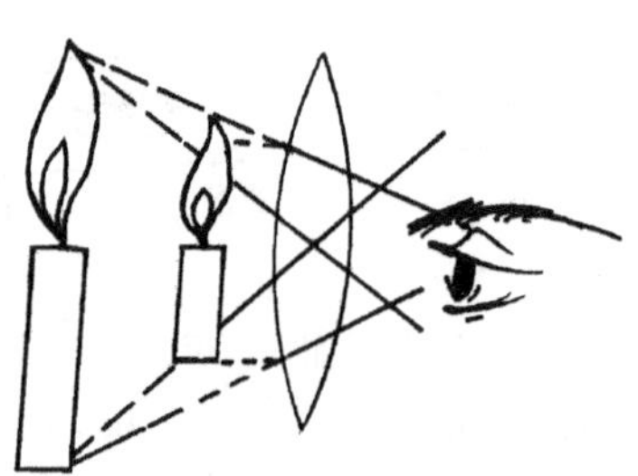

दुर्बिणीतून दिसणाऱ्या प्रतिमेच्या आकाराचे, प्रत्यक्ष वस्तूच्या आकाराशी असणारे गुणोत्तर तसेच प्रतिमेच्या आकाराने डोळ्यांशी केलेला कोन व प्रत्यक्ष वस्तूने वस्तुभिंगाशी केलेला कोन याचे जे गुणोत्तर येईल तितकी त्या दुर्बिणीची वर्धनशक्ती होय.

Magnifying Glass (मॅग्निफाईंग ग्लास) : बहिर्गोल भिंग

जे भिंग मध्यभागी फुगीर असते व परिघाकडे पातळ असते त्याला बहिर्गोल भिंग म्हणतात. ह्या भिंगातून एखाद्या लहान वस्तूकडे, अक्षराकडे, चित्राकडे पाहिले असता ते चित्र मोठे दिसते, म्हणून याला साधे सूक्ष्मदर्शक यंत्र असेही म्हणतात. याचा उपयोग वर्तमानपत्रे वाचण्यासाठी, हातावरील रेषा पाहण्यासाठी तसेच बारीक वस्तू पाहण्यासाठी करतात.

Magic Lantern (मॅजिक लँटर्न) : जादूचा कंदील

ही एक चौकोनी पेटी असते. तिच्या आत प्रखर प्रकाश देणारा दिवा असतो. ह्या दिव्याचा प्रकाश भिंगाच्या साहाय्याने एकत्र करून तो एका पारदर्शक चित्रावर पाडला जातो. चित्राच्या पुढे एक बहिर्गोल भिंग असते. ते मागे-पुढे करून पडद्यावर पारदर्शक चित्राची खूप

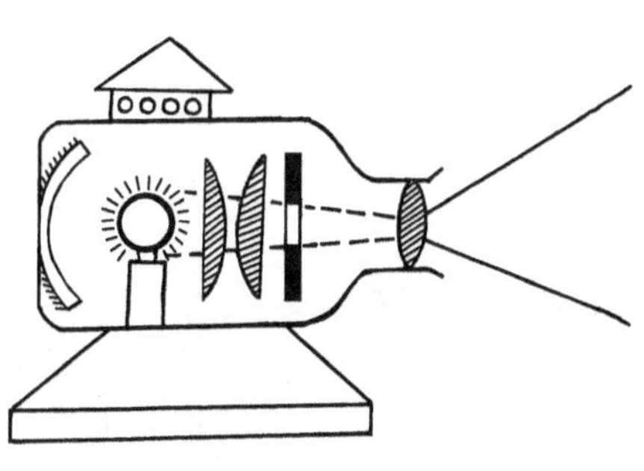

मोठी प्रतिमा पाडता येते. पारदर्शक चित्राला स्लाईडसुद्धा म्हणतात. म्हणून या यंत्राला स्लाईड प्रोजेक्टर असेही एक नाव आहे.

Mariner's Compass (मरिनर्स कंपास) : खलाशाचे होकायंत्र

जहाजाचा प्रवास म्हणजे समुद्राच्या पाण्यावरील प्रवास होय. एकदा समुद्रात गेल्यानंतर सगळीकडे पाणीच पाणी दिसते. दिशा समजण्यास काहीच मार्ग नसतो. अशावेळी हे यंत्र दिशा दाखविण्याचे काम करते. क्षितिज

पातळीत मोकळेपणाने फिरू शकणारी चुंबकसुई असते. जहाजाच्या हेलकाव्यामुळे होकायंत्राची सुई डळमळू नये म्हणून अनेक रिंगांत ही डबी ठेवलेली असते.

Mercury vapour lamp (मर्क्युरी व्हेपर लँप) : ट्यूबलाईट

घरगुती वापरासाठी जी ट्यूबलाईट वापरतो त्या ट्यूबमध्ये पाऱ्याची वाफ भरलेली असते व ट्यूबच्या आतील बाजूने फ्लोरोसंट पावडरचा थर दिलेला असतो. जेव्हा यात विद्युत्प्रवाह सोडला जातो त्यावेळी अल्ट्राव्हायलेट किरण त्यात तयार

होतात. फ्लोरोसंट पावडरमुळे आपणास दिसू शकणारा प्रकाश बाहेर पडतो.

Microphone (मायक्रोफोन) : ध्वनिग्राहक

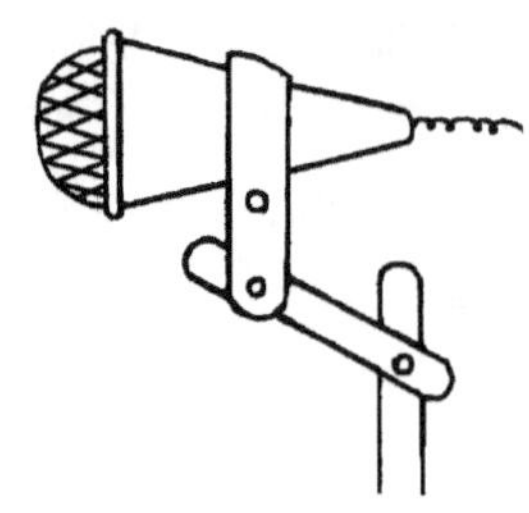

हे एक यंत्र आहे. याच्यावर पडणाऱ्या ध्वनिलहरी ते ग्रहण करते व त्यांचे विद्युत्लहरीत रूपांतर करते. या लहरी नंतर ॲम्प्लिफायरमध्ये वर्धित केल्या जातात व शेवटी ध्वनिक्षेपकातून मोठा आवाज बाहेर पडतो. जवळजवळ सर्वच ठिकाणी याचा वापर होऊ लागला आहे. ज्याप्रमाणे आवश्यकता असेल त्याप्रमाणे त्याचे आकार बदलून त्यांचा वापर केला जातो. अगदी छोट्या बटणाच्या आकाराचे ध्वनिग्राहकही असतात आणि काही ध्वनिग्राहक हाताच्या मुठीच्या आकाराचेही असतात.

Megaphone (मेगाफोन)

लाऊड स्पीकरप्रमाणे असणारे हे एक छोटे यंत्र खांद्याला पट्ट्याच्या साहाय्याने टांगून कोठेही नेता येते. एका भोंग्याप्रमाणे आकार असलेल्या डब्यात बॅटरी ॲम्प्लिफायर व लाऊड स्पीकर बसविलेला असतो. हे यंत्र खांद्याला लटकावून व हातात मायक्रोफोन घेऊन त्यात बोलल्यानंतर भोंग्यातून मोठा आवाज बाहेर पडतो. मोठ्या गटाला/जमावाला, सैन्यातील सैनिकांना सूचना देण्यासाठी याचा उपयोग करतात.

Microscope (मायक्रोस्कोप) : सूक्ष्मदर्शक यंत्र

अतिशय बारीक वस्तूचे निरीक्षण करण्यासाठी याचा उपयोग होतो. याचे दोन प्रकार असतात. १) साधे सूक्ष्मदर्शक यंत्र २) संयुक्त सूक्ष्मदर्शक यंत्र. साध्या सूक्ष्मदर्शक यंत्रात फक्त एक बहिर्गोल भिंग वापरलेले असते. संयुक्त सूक्ष्मदर्शक यंत्रात दोन भिंगे वापरलेली असतात. वस्तूकडील भिंगाला वस्तुभिंग व डोळ्यांकडील भिंगाला दृष्टिभिंग असे म्हणतात. याच्या साहाय्याने मूळ पदार्थाच्या ५०० पट मोठी प्रतिमा दिसू शकते.

Mirror (मिरर) : आरसा

काचेच्या एका बाजूवर चांदीचा मुलामा दिला की, काचेची दुसरी बाजू चकचकीत होऊन त्यात कोणत्याही वस्तूचे, व्यक्तीचे प्रतिबिंब दिसते. यालाच

आरसा असे म्हणतात. याचे तीन प्रकार आहेत–
१) सपाट आरसा २) अंतर्वक्र आरसा
३) बहिर्वक्र आरसा. सपाट काचेवर चांदीचा
थर दिला की सपाट आरसा तयार होतो. यात
दिसणारी प्रतिमा मूळ वस्तूएवढीच असते.
फक्त बाजू उलट-सुलट होतात. अंतर्वक्र
आरशाच्या केंद्रान्तराच्या आत जर वस्तू असेल
तर वस्तूची मोठी व सरळ प्रतिमा दिसते.
दाढी करण्यासाठी अशा प्रकारचे आरसे वापरतात.

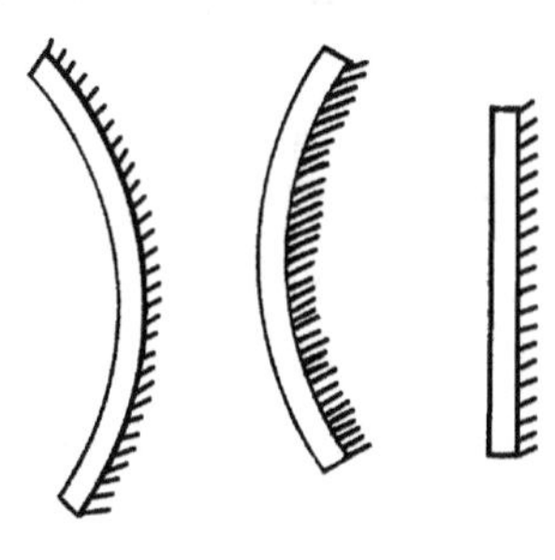

बहिर्वक्र आरशामुळे पुष्कळ दूरच्या वस्तूची लहान प्रतिमा केंद्रान्तराच्या ठिकाणी दिसते. याशिवाय वेड्यावाकड्या काचेचे सुद्धा आरसे असतात. जत्रेमध्ये वेड्यावाकड्या आकृत्या दाखवून मनोरंजनाकरिता अशा आरशांचा उपयोग होतो.

Mirage (मिराज) : मृगजळ

वाळवंटात दिसणारा हा एक चमत्कार आहे. वाळवंटात सगळीकडे वाळू पसरलेली असते. अशा ठिकाणी पाण्याचा भास तयार होतो. इतकेच नव्हे तर पाण्यात ज्याप्रमाणे झाडाच्या उलट्या प्रतिमा दिसतात त्याप्रमाणे झाडे उलटी दिसतात. वाळूजवळची हवा गरम असते, ती विरळ बनते. त्याच्यावर

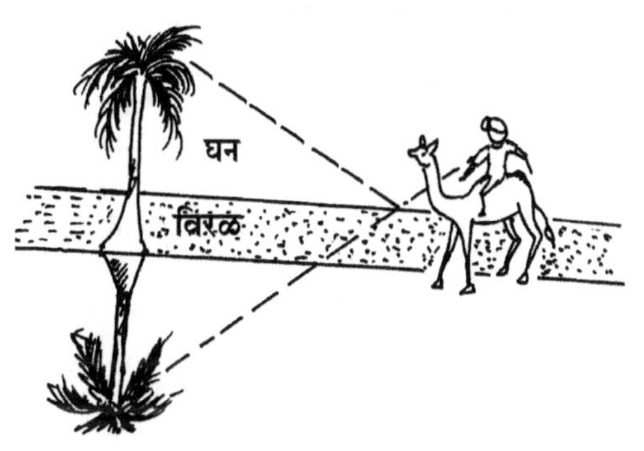

थंड हवेचा जाड थर असतो. झाडाच्या शेंड्यापासून निघणारे प्रकाशकिरण वक्रीभूत होऊन त्यांचे पूर्णपणे अंतर्गत परावर्तन होऊन झाडे उलटी दिसतात त्यामुळे त्या ठिकाणी पाणी असल्याचा भास होतो.

Motor (मोटर)

विद्युत्शक्तीपासून यांत्रिक शक्ती देणारे हे यंत्र आहे. दोन चुंबकांच्या ध्रुवाच्या मधल्या जागेत एक तांब्याच्या तारेचे वेटोळे असते. ह्या वेटोळ्यात विद्युत्प्रवाह सोडला असता हे वेटोळे फिरू लागते. फिरणाऱ्या वेटोळ्याच्या कण्याला चाक लावून ही यांत्रिक शक्ती उपयोगात आणली जाते.

Morse code (मोर्स कोड) : मोर्सचे संकेत

कड् कड् कड् या सांकेतिक आवाजाच्या साहाय्याने संदेश पाठविण्यासाठी मोर्स कोडचा उपयोग केला जातो. इंग्रजीतील ए या अक्षरापासून झेड या अक्षरापर्यंत प्रत्येक अक्षराला अलग अलग सांकेतिक चिन्ह दिलेले असते. एका यंत्राच्या तरफेवर बोटाने दाबून कड् कट् असा आवाज दुसऱ्या ठिकाणी उमटविता येतो. तो आवाज ऐकून व त्यावरून शब्द तयार करून मूळ संदेश दुसऱ्या ठिकाणी पोहोचविला जातो. मोर्स कोडचा उपयोग ज्या यंत्रात केला जातो त्याला टेलिग्राफ यंत्र म्हणतात.

Mutual Induction (म्युच्युअल इंडक्शन) : प्रवर्तन

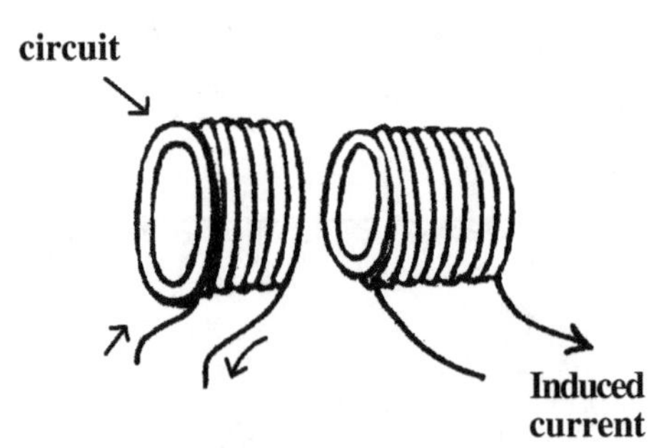

जेव्हा एखाद्या विद्युत्‌मंडळातून कमी-जास्त होणारा, बदलणारा विद्युत्प्रवाह वाहत असेल आणि ह्या विद्युत्‌-मंडळाजवळ दुसरे मंडळ असेल तर त्या दुसऱ्या विद्युत्‌मंडळात केवळ सान्निध्यामुळे विद्युत्प्रवाह तयार होतो. त्याला म्युच्युअल इंडक्शन म्हणतात.

N

Negative (निगेटिव्ह लेन्स)

अंतर्वक्र भिंगाला निगेटिव्ह लेन्स म्हणतात.

Negative Pole (निगेटिव्ह पोल) : ऋण ध्रुव

चुंबकाच्या दोन ध्रुवांपैकी दक्षिण ध्रुवाला निगेटिव्ह पोल म्हणतात.

Neon tube (निऑन ट्यूब)

एका काचेच्या नळीत कमी दाबाचा निऑन वायू भरतात. नळीच्या दोन्ही टोकांना इलेक्ट्रोड्स बसवितात व त्यातून जास्त दाबाचा विद्युत्प्रवाह नळीतील वायूमध्ये सोडतात. त्यामुळे लालभडक रंगाने नळी चमकू लागते. निऑनचे दिवे जाहिरातीसाठी बोर्डवर लावतात, त्याचप्रमाणे ज्या ठिकाणी धुके जास्त पडते त्या ठिकाणी सूचक असे निऑन बल्ब लावतात. दाट धुक्यातून सुद्धा हे दृष्टीस पडतात.

Newton's Laws of Motion (न्यूटन्स लॉज् ऑफ मोशन) :
न्यूटनचे गतिविषयक नियम

न्यूटन नावाच्या शास्त्रज्ञाने गतिविषयक तीन नियम शोधून काढले : १) एखादी वस्तू तिच्यावर आघात होत नाही तोपर्यंत स्थिर असेल तर स्थिरच राहते किंवा गतिशील असेल तर पूर्वीच्याच दिशेने गतिशील राहते. २) जर एखाद्या वस्तूवर आघात झाला तर तिचे विस्थापन त्या आघाताच्या प्रमाणात व आघाताच्या दिशेने होते. ३) प्रत्येक वस्तूवर एखादे बल ज्या प्रमाणात व ज्या दिशेने कार्य करते त्याच्या उलट दिशेने व त्याच प्रमाणात त्या वस्तूची प्रतिक्रिया कार्य करते.

Newton's Law of Gravitation (न्यूटन्स लॉ ऑफ ग्रॅव्हिटेशन) :
न्यूटनचा गुरुत्वाकर्षणाचा नियम

विश्वातील प्रत्येक वस्तू ही दुसऱ्या वस्तूला आपणाकडे ओढते. हे ओढण्याचे बल त्या वस्तूच्या वस्तुमानाच्या समप्रमाणात असते व त्यांच्यामधील अंतराच्या

वर्गाच्या व्यस्त प्रमाणात असते. समजा F हे बल M_1, M_2 ही वस्तुमाने, Υ हे अंतर G हा स्थिरांक तर

$$F = \frac{G \times M_1 \times M_2}{\Upsilon^2}$$

Near Point (निअर पॉईंट) : जवळचा बिंदू

एखादी वस्तू डोळ्याने स्पष्ट दिसण्यासाठी डोळ्यांपासून कमीतकमी अंतरावर असावी हे दाखविणाऱ्या अंतराला जवळचा बिंदू म्हणतात. सर्वसामान्य डोळ्यांसाठी हे अंतर २५ सें. मी. असावे.

Newton's Disc (न्यूटन्स डिस्क) : न्यूटनची तबकडी

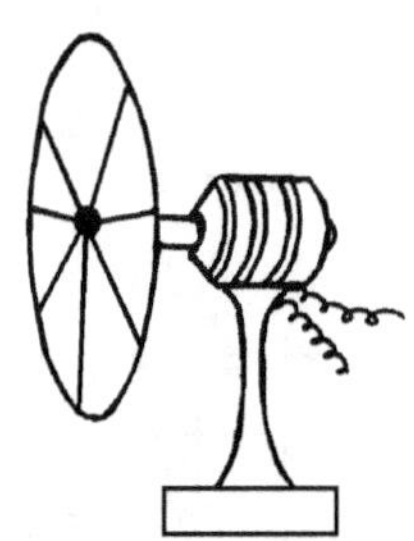

एका गोल चकतीवर तांबडा, नारिंगी, पिवळा, हिरवा, निळा, पारवा व जांभळा ह्या रंगाचे सात पट्टे काढलेले असतात. ही चकती वेगाने फिरविली म्हणजे चकतीवर भुरकट पांढरा रंग दिसू लागतो. ह्याच प्रयोगाच्या आधाराने न्यूटन नावाच्या शास्त्रज्ञाने असे सिद्ध केले की, पांढरा सूर्यप्रकाश हा सात रंग मिळून बनलेला आहे.

Nichrome (निक्रोम) : एक धातू

हा धातू म्हणजे निकेल, क्रोमियम व लोखंड यांचे संयुग आहे. याचा उत्कलनबिंदू फार मोठा असतो. त्यामुळे तो लवकर वितळत नाही. विद्युत्वहनासाठी याचा रोध मोठा असतो म्हणून विद्युत्मंडळात रोधक म्हणून याचा उपयोग करतात. ह्याच्या तारेतून विद्युत्प्रवाह वाहत असताना ही तार अतिशय गरम होते, म्हणून विजेची इस्त्री, वॉटर हिटर, विजेची शेगडी यांत याचा वापर करतात.

O

Objective (ऑब्जेक्टिव्ह) : वस्तुभिंग

दुर्बीण किंवा सूक्ष्मदर्शक यंत्र यांना भिंग किंवा भिंगांची प्रणाली बसविलेली असते. त्यापैकी एक भिंग वस्तूकडे असते व दुसऱ्या भिंगातून डोळ्याने पाहावयाचे असते. जे भिंग वस्तूकडे असते त्याला वस्तुभिंग असे म्हणतात.

Orthrochromatic film (आर्थ्रोक्रोमॅटिक फिल्म)

हा फोटोग्राफिक फिल्मचा एक प्रकार आहे. ह्या फिल्मवर हिरव्या प्रकाशाचा परिणाम होतो. जर हिरव्या रंगात निळ्या आणि जांभळ्या प्रकाशाचा भाग असेल तो प्रकाशसुद्धा ह्या फिल्मवर परिणाम करतो.

Osmosis (ऑस्मॉसिस) : रसाकर्षण

पाझरणाऱ्या पडद्याच्या एका बाजूला जास्त घनतेचा द्रव पदार्थ असेल आणि दुसऱ्या बाजूला कमी घनतेचा द्रव पदार्थ असेल, तर जास्त घनतेचा द्रव कमी घनतेच्या द्रवाला आपणाकडे ओढू लागतो. एका छोट्या काचेच्या नरसाळ्याच्या तोंडाला कोंबडीच्या अंड्यामधील पातळ पडदा ताणून बसवावा आणि पक्का बांधून त्या नरसाळ्याच्या आत साखरेचे द्रावण टाकावे. नरसाळ्यातील द्रावणाची पातळी पाहून ठेवावी. हे तोंड नंतर पाण्याने भरलेल्या भांड्यात धरले, तर थोड्याच वेळात द्रावणाची पातळी वर चढलेली दिसते.

Open Circuit (ओपन सर्किट) :
खंडित मंडल

जर एखाद्या विद्युत्मंडळातून विद्युत्प्रवाह वाहत नसेल तर त्याला खंडित मंडळ असे म्हणतात.

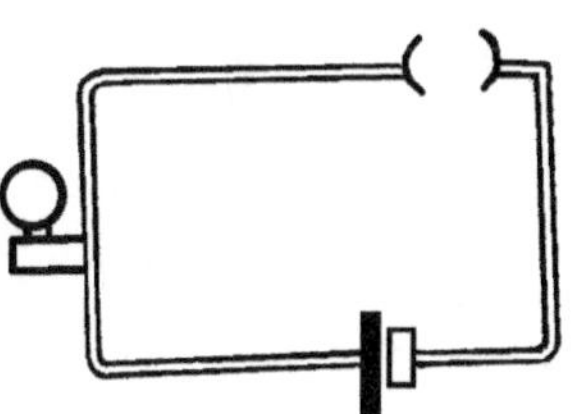

Oscillation (ऑसिलेशन) : झोका

एका विशिष्ट बिंदूभोवती नियमितपणे मागे-पुढे होणाऱ्या गतीला झोका असे म्हणतात.

Oxygen (ऑक्सिजन) : प्राणवायू

सर्वांना जिवंत राहण्यासाठी याची आवश्यकता आहे. जलचर प्राण्यांसाठी हा वायू पाण्यात विरघळलेला असतो. याच्याशिवाय विस्तव पेटू शकत नाही.

Overhead Projector (ओव्हरहेड प्रोजेक्टर) : प्रक्षेपक

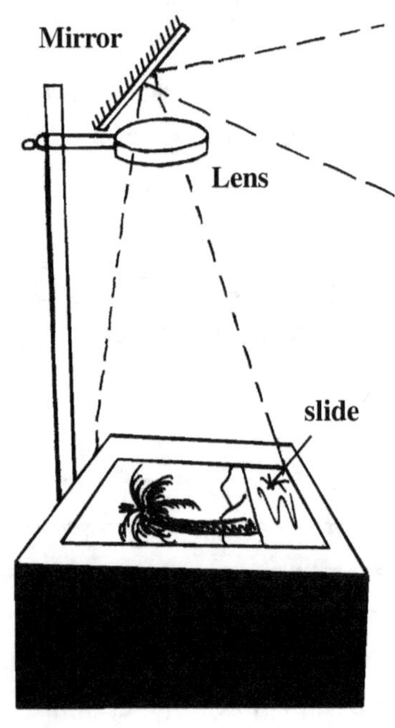

हा एक स्लाईड प्रोजेक्टरचाच प्रकार आहे, पण यामध्ये लहान आकाराची स्लाईड न वापरता मोठ्या आकाराच्या स्लाईड्स वापरतात. हिचा आकार चौकोनी पेटीप्रमाणे असतो. आतील बाजूस प्रखर प्रकाश देणारा एक बल्ब असतो. ह्या बल्बच्या खालच्या बाजूस वाया जाणारा प्रकाश परावर्तित करण्यासाठी अंतर्गोल आरसा असतो. बल्बमुळे पेटीतील हवा गरम होते. ती बाहेर फेकण्यासाठी आतमध्ये पंखा बसविलेला असतो. पेटीच्या वरच्या भागावर मोठे प्लॅस्टिकचे बहिर्गोल भिंग असते. यावर पारदर्शक प्लॅस्टिक पेपरची स्लाईड ठेवून त्यावर मार्करने लिहिले की, त्याची प्रतिमा वरच्या भिंग व आरशामुळे परावर्तित होऊन लिहिणाऱ्याच्या डोक्यावरून मागील पडद्यावर पडते. वर्गात शिकविण्यासाठी ह्याचा फार उपयोग होतो.

P

Paper Capacitor (पेपर कर्पॅसिटर) : कागदी धारक

एका टिश्यूपेपरच्या दोन बाजूंना दोन अॅल्युमिनियमचे पातळ कागद लावून व त्या तिघांची एकत्र गुंडाळी करून कागदी धारणी तयार करतात. टिश्यूपेपरचा ओलेपणा त्याला मेण किंवा तेल लावून नाहीसा करतात.

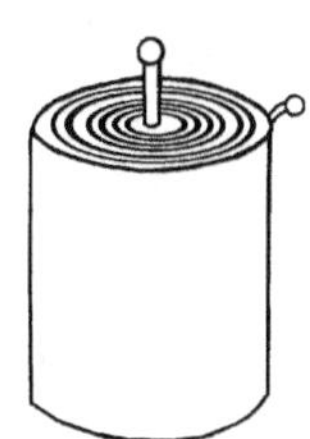

Parallel circuit (पॅरलल सर्किट) : समांतर जोडणी

विद्युत्प्रवाह ज्या तारांमधून वाहत आहे अशा दोन तारांना दोन किंवा अधिक घटक जोडलेले असतील, तर त्या जोडणीला समांतर जोडणी असे म्हणतात.

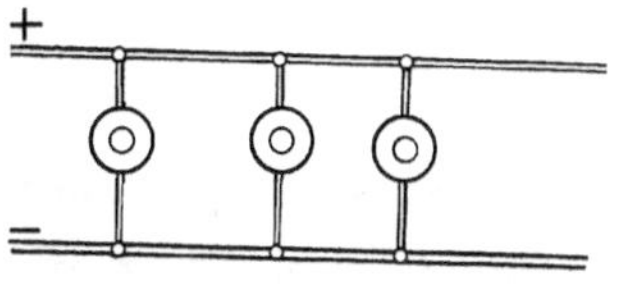

Panchromatic film (पॅन्क्रोमॅटिक फिल्म)

फोटोग्राफिक फिल्मचा हा एक प्रकार आहे. ही फिल्म सर्व रंगांना संवेदनक्षम आहे. म्हणजेच हिच्यावर सर्व रंगांचा प्रकाश परिणाम करू शकतो. त्यामुळे आर्थोक्रोमॅटिक फिल्मपेक्षा यावर अधिक चांगले फोटो उमटतात.

Pascal's law of fluid pressure

(पास्कलचा द्रवाच्या बलाबद्दलचा नियम)

द्रवावर दिलेला दाब हा द्रवात सारख्या प्रमाणात पसरतो व तो द्रवातील कणावर तसेच ज्यात द्रव ठेवला आहे त्यांच्या भिंतीवर लंबरूपाने कार्य करतो व हा दाब सर्व दिशांना सारखा असतो.

Pencil lead (पेन्सिल लेड) : पेन्सिलीचे शिसे

पेन्सिलचे शिसे तयार करण्यासाठी ग्रॅफाईट आणि माती याचे मिश्रण वापरतात. हे मिश्रणाचे प्रमाण कमी-जास्त करून नरम पेन्सिली व कडक पेन्सिली बनविल्या जातात.

Pendulum simple (पेन्ड्युलम सिंपल) : लंबक

एका लांब दोऱ्याच्या टोकाला धातूचा छोटा गोळा बांधतात. दोऱ्याचे दुसरे टोक उंच जागी असलेल्या खिळ्याला बांधतात व त्याला झोका देतात. ह्या झोक्याच्या आवर्तनाचा वेळ पाहून अनेक प्रयोग करतात.

Periscope (पेरिस्कोप) : परिदर्शक

हे यंत्र पाणबुडीत वापरतात. पाणबुडी पाण्याच्या आत असते. तिच्यातून ह्या यंत्राच्या साहाय्याने पाण्याच्या पृष्ठभागावरच्या हालचाली पाहता येतात. यात एका नळकांड्यात दोन समांतर आरसे ४५ अंशाचा कोन करून बसविलेले असतात व यामध्ये काही भिंगे बसवून प्रतिमा जवळ आणता येते. ह्या नळीचे टोक पाण्याच्या पातळीवर असते व खालील टोक पाणबुडीत असते. खालच्या टोकाकडे पाहून वरच्या हालचाली कळू शकतात.

Persistence of vision (पर्सिसटन्स ऑफ व्हिजन) : विलंबित प्रतिमा

आपल्या डोळ्यांसमोर एखादी वस्तू असेल व नंतर ती काढून घेतली तरी काही क्षण ती डोळ्यांसमोरच आहे अशी संवेदना डोळ्यांना होते. त्याला त्या वस्तूची विलंबित प्रतिमा असे म्हणतात. याच गुणधर्माने गोल गोल फिरणाऱ्या अगरबत्तीचे गोल कडे दिसते. डोळ्यामध्ये एकदा उमटलेली प्रतिमा १/१६ सेकंद टिकते.

Permanent magnet (पर्मनंट मॅग्नेट) : कायम चुंबक

चुंबकाचे दोन प्रकार पडतात. १) कायम चुंबक २) तात्पुरते चुंबक. ज्या चुंबकात चुंबकत्वाचा गुणधर्म काही वेळापुरता असतो व नंतर तो नाहीसा होतो त्याला तात्पुरता चुंबक म्हणतात, पण काही चुंबकांत आलेला हा गुणधर्म कायम स्वरूपाचा व बराच काळ टिकणारा असतो त्याला कायम चुंबक म्हणतात. पोलादापासून बनविलेले चुंबक कायम चुंबक असतात आणि नरम लोखंडापासून बनविलेले चुंबक तात्पुरत्या स्वरूपाचे असतात. मोठमोठे स्पीकर्स व प्रयोगशाळेत कायम स्वरूपाचे चुंबक वापरतात व ते चांगले शक्तिमान असतात.

Pinhole camera (पिनहोल कॅमेरा) : सूक्ष्मछिद्र प्रतिमाग्राहक

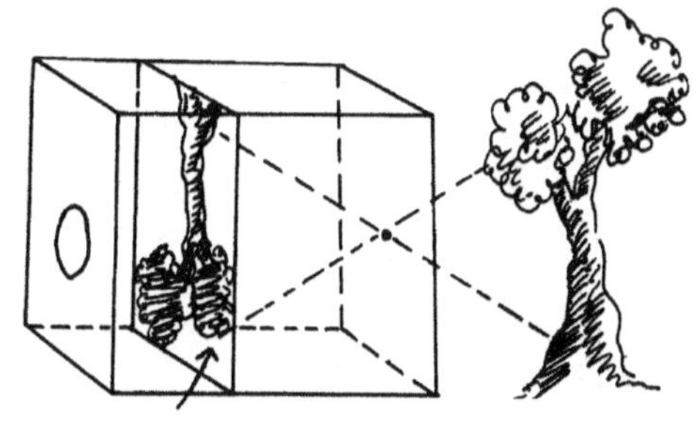

हा एक चौकोनी किंवा दंडगोलाकृती डबा असतो. डब्याला आतून काळा रंग दिलेला असतो. डब्याचे बूड बंद असून त्याला मध्यभागी सुईच्या आकाराचे छिद्र पाडलेले असते. डब्याच्या उघड्या तोंडावर तेल लावलेला कागद किंवा घाशीव काचेचा पडदा बसविलेला असतो. उन्हात उभ्या असलेल्या व्यक्तीकडे डब्याच्या छिद्राची बाजू करावी. डब्याच्या पडद्यावर अंधार करून पाहिले असता त्या पडद्यावर उभ्या व्यक्तीची उलटी प्रतिमा दिसते.

Plane convex lens (प्लेन कॉन्व्हेक्स लेन्स) : समतल बहिर्गोल भिंग

ज्या भिंगाची एक बाजू सपाट असते व दुसरी बाजू बहिर्वक्र असते अशा भिंगाला समतल बहिर्गोल भिंग असे म्हणतात. प्रकाशीय उपकरणांत यांचा वापर केलेला असतो.

Poles magnetic (पोल्स मॅग्नेटिक) : चुंबकीय ध्रुव

चुंबक पट्टी सरळ असते. तिला दोन टोके असतात. चुंबकत्वाचा प्रभाव ह्या टोकावर सर्वांत जास्त असतो. हा चुंबक बिनपिळाच्या रेशमी दोऱ्याने आडवा टांगला असता तो स्थिर झाल्यावर त्याचे एक टोक पृथ्वीच्या उत्तर दिशेकडे असते. त्या टोकाला चुंबकाचा उत्तर ध्रुव म्हणतात. दक्षिण दिशेकडे असणाऱ्या टोकाला दक्षिण ध्रुव असे म्हणतात.

Positive lens (पॉझिटिव्ह लेन्स)

बहिर्गोल भिंगाला पॉझिटिव्ह लेन्स म्हणतात.

Post office box (पोस्ट ऑफिस बॉक्स)

यामध्ये निरनिराळ्या क्षमतांचे रोधक बसविलेले असतात. याच्या साहाय्याने लांब तारांचे रोध मोजता येतात. अशा प्रकारे टेलिफोन किंवा टेलिग्राफच्या तारांतील दोष शोधून काढता येतात.

Presbyopia (प्रिसबायोपिया) : दूरदृष्टिता

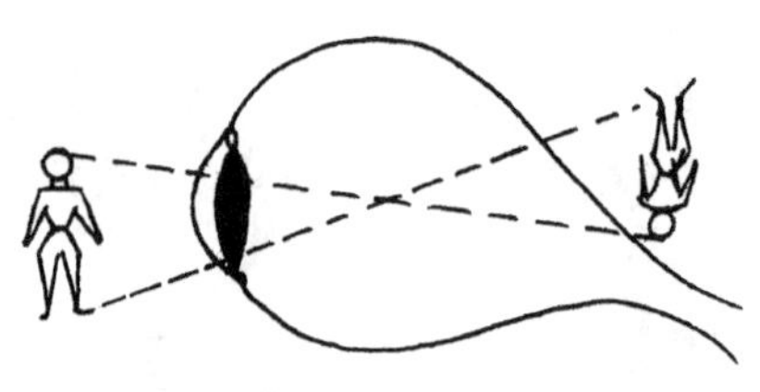

दूरदृष्टिता हा एक दृष्टिदोष आहे. साधारणपणे उतारवयातील म्हाताऱ्या माणसाच्या दृष्टीला हा होतो. अशा लोकांना जवळच्या वस्तू स्पष्ट दिसत नाहीत; पण दूरच्या वस्तू मात्र स्पष्ट दिसतात. हा दोष घालविण्यासाठी बहिर्गोल भिंगाचा चष्मा वापरतात.

Pressure Atmospheric (प्रेशर ॲटमॉसफेरिक) : वातावरणाचा दाब

वातावरणाचा जो दाब ०°C वर समुद्रसपाटीवर पाण्याचा ७६ सें.मी. उंचीचा स्तंभ तोलू शकतो त्याला वातावरणाचा सर्वसाधारण दाब म्हणतात. समुद्रसपाटीवर त्या क्षेत्रावर जो हवेचा स्तंभ असतो त्याचे वजन ह्या दाबाबरोबर असते.

Primary cell (प्रायमरी सेल) : प्राथमिक घट

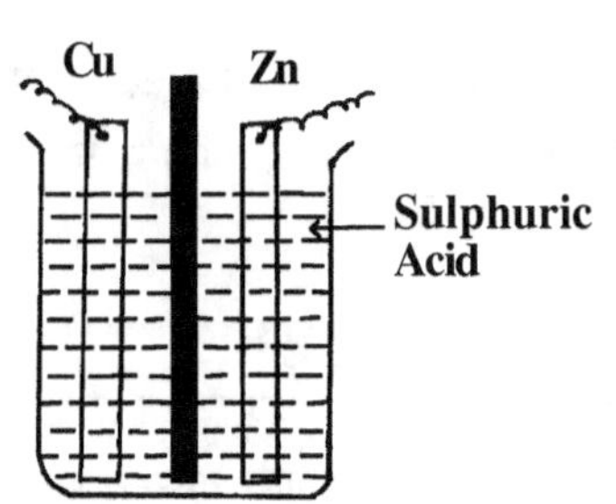

ज्या विद्युत्घटात रासायनिक क्रिया घडून विद्युत्प्रवाह तयार होतो, त्या घटाला प्राथमिक विद्युत्घट म्हणतात. उदा. डॅनिअलचा घट, व्होल्टाचा घट.

Primary colours (प्रायमरी कलर्स) : प्राथमिक रंग

रंगद्रव्याच्या संदर्भात विचार केला तर लाल, पिवळा व निळा हे प्राथमिक रंग आहेत. कारण हे तीन रंग कोणत्याही रंगाच्या मिश्रणापासून तयार होत नाहीत. दोन प्राथमिक रंगांचे मिश्रण केले तर तिसराच रंग तयार होतो. त्यांना दुय्यम रंग म्हणतात. उदा. लाल + पिवळा = नारिंगी , पिवळा + निळा = हिरवा, निळा + लाल = जांभळा.

नारिंगी, हिरवा व जांभळा हे दुय्यम रंग आहेत.

प्रकाशकिरणाच्या संदर्भात विचार केला, तर निळा, हिरवा व लाल हे प्राथमिक रंग आहेत. या तिन्हीचे योग्य प्रमाणात मिश्रण केले तर पांढरा रंग तयार होतो.

Prism (प्रिझम) : लोलक

पारदर्शक काचेचा हा त्रिकोनी भरीव ठोकळा असतो. ह्याला त्रिकोनाकृती दोन बाजू व आयताकृती तीन बाजू असतात. दुर्बीण, परिदर्शक इत्यादींमध्ये तसेच प्रयोगशाळेत याचा उपयोग करण्यात येतो. नेहमीसाठी याच्यावर पांढरा प्रकाशकिरण सोडून त्याचे वर्णपटात रूपांतर करण्यासाठी याचा उपयोग होतो.

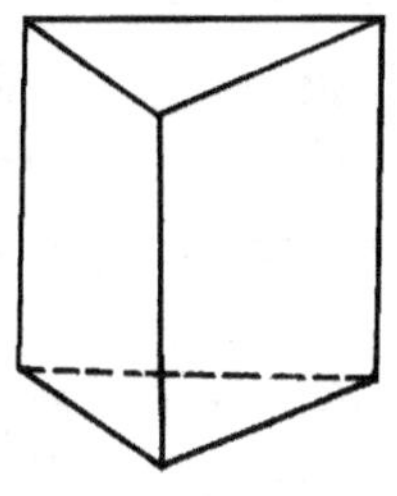

Pulley (पुली) : कप्पी, खिराडी

हा यंत्राचा सोपा प्रकार आहे. हे गोल चाक असून परिघावर ह्याला दोरी ठेवण्यासाठी खाच केलेली असते. ह्याचा मध्यबिंदू स्थिर असतो. त्याच्याभोवती हे चाक फिरते. दोन किंवा अनेक कप्प्या जोडून कमी बल वापरून मोठे जड वजन वर उचलता येते.

Pipette (पिपेट)

ही एक काचेची नळी असून तिला मध्यभागी पोकळ फुगा असतो. नळीच्या वरच्या बाजूला एक खूण केलेली असते. नळी तोंडात धरून व हवा आत ओढून ठराविक आकारमानाचा द्रव ओढून घेता येतो.

Pump (पंप)

ह्यात एक धातूचे नळकांडे असते व घट्टपणे मागेपुढे सरकणारा दट्ट्या असतो. ज्या भांड्यातील हवा काढावयाची आहे ते भांडे पंपाच्या तबकडीवर ठेवतात व पंपाचा दट्ट्या मागे-पुढे दाबतात. भांड्यातील हवा

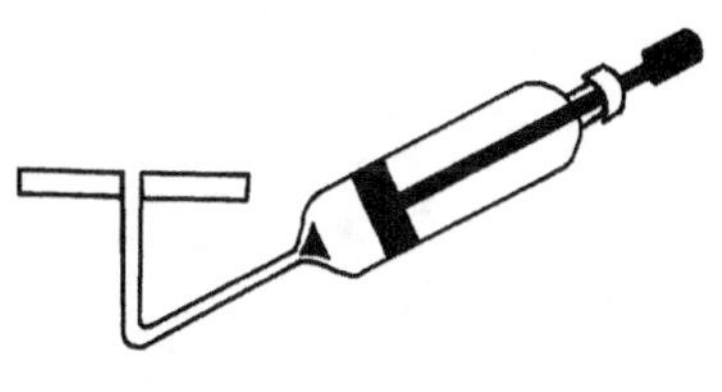

पंप ओढून घेतो; पण उलट हवा भांड्यात जाऊ देत नाही. थोड्याच वेळात भांडे निर्वात होते. ह्याची रचना थोडी-फार बदलून सायकलच्या चाकात हवा भरण्याचा

पंप, विहिरीतून पाणी ओढणारा जलाकर्षक पंप तयार केलेला असतो.

Pupil (प्युपिल) : डोळ्याची बाहुली

डोळ्याच्या समोरच्या बाजूला मध्यभागी लहान काळे वर्तुळ दिसते. त्याला बाहुली असे म्हणतात. दिव्यामधून प्रकाशकिरण डोळ्यात प्रवेश करतात व रेटिना नावाच्या आतील पडद्यावर डोळ्यासमोरील वस्तूची किंवा दृष्याची प्रतिमा उलटी उमटते. प्रखर किरण आत जाऊन रेटिनाची हानी होऊ नये म्हणून बाहुलीचे छिद्र लहान होऊन मोजकाच प्रकाश आत जाऊ देते. कमी प्रकाशात बाहुलीचा आकार मोठा होतो.

■

Q

Quadrant (क्वाड्रंट) : एक चतुर्थांश भाग, सूर्ययंत्र

एका वर्तुळाच्या चौथ्या भागाला क्वाड्रंट म्हणतात. त्याचप्रमाणे उंची मोजण्यासाठी ह्या सूर्ययंत्राचा उपयोग होतो. दूरच्या झाडाचा, मनोऱ्याचा या यंत्राशी होणारा कोन लक्षात घेऊन व त्याचे गणित करून प्रत्यक्ष न मोजता देखील त्या वस्तूची उंची मोजता येते.

Quake (क्वेक) : भूकंप

पृथ्वीच्या अंतर्भागात घडणाऱ्या काही घडामोडींमुळे पृथ्वीचा पृष्ठभाग हलतो व त्यावेळी घरे, इमारती कोसळून बरीच जीवित हानी व वित्तहानी होते.

Quick Lime (क्विक लाईम) : चुन्याचे खडे, कळीचा चुना

चुनखडीच्या दगडापासून कळीचा चुना तयार करण्यासाठी प्रथम भट्टी लावून चुनखडीचे दगड भाजतात. त्यामुळे कळीचा चुना तयार होतो. ह्या चुन्याला पाण्याचे फार आकर्षण असते. हे खडे पाण्यात टाकल्यास फसफसतात व मोठ्या प्रमाणात उष्णता तयार होऊन पाणी उकळू लागते व विरलेला चुना तयार होतो.

Quick Silver (क्विक सिल्व्हर) : पारा

पाऱ्याला क्विक सिल्व्हर असेही म्हणतात.

Quinine (क्विनीन) : कोयनेल

थंडी, ताप व मलेरिया या रोगांत या औषधाचा उपयोग करतात.

Quotient (कोशंट) : भागाकार

हा गणिताचा एक प्रकार आहे. एखाद्या संख्येचे सारखे भाग पाडण्यासाठी याचा उपयोग होतो. उदा. १० या संख्येला २ ने भागले म्हणजे भागाकार ५ येईल.

A to Z विज्ञान । ६७

R

Radar (रडार) : रडार यंत्र

हवाई वाहतुकीत अत्यंत उपयोगी पडणारे हे यंत्र आहे. ह्यातून लहरी निघतात व सर्व दिशांनी पसरतात. एखाद्या वस्तूशी जेव्हा या लहरीची टक्कर होते तेव्हा त्या परत उलट येऊन ती वस्तू कशा प्रकारची आहे याचे ज्ञान देतात. सैन्यात सुद्धा उडणारी विमाने शत्रूची आहेत की आपली याची ओळख पटविण्यासाठी रडार यंत्राचा उपयोग होतो.

Radiator (रेडिएटर) : शीतक

मोटार, बस, ट्रक्स किंवा कारमध्ये ही एक टाकी असते. हिच्यात पाणी भरलेले असते व ह्या टाकीसमोर पाणी थंड करण्यासाठी पंखा बसविलेला असतो. गरम इंजिनाभोवती पाणी फिरवून इंजिन थंड ठेवण्याचे काम रेडिएटर करते.

Radiation (रेडीएशन) : ऊर्जा उत्सर्जन

एखाद्या पदार्थातून किंवा वस्तूमधून लहरीच्या रूपाने जर ऊर्जा बाहेर पडत असेल तर त्याला ऊर्जा उत्सर्जन असे म्हणता येईल.

Radio (रेडिओ) : आकाशवाणी

हवेच्या थरात, अवकाशात काही कार्यक्रम विद्युत्चुंबकीय लहरीद्वारे प्रक्षेपित केले जातात. ह्या लहरी ग्रहण करून त्यापासून मूळ ध्वनी निर्माण करणाऱ्या यंत्राला रेडिओ म्हणतात. छोट्या आगपेटीच्या आकारापासून ते मोठ्या पेटीच्या आकाराचे रेडिओ बाजारात मिळतात. रेडिओचा शोध मार्कोनी या शास्त्रज्ञाने लावला. घरी मनोरंजनासाठी, जहाजावर, विमानात, सैन्यात संदेश देण्यासाठी रेडिओचा वापर केला जातो.

Rainbow (रेनबो) : इंद्रधनुष्य

आकाशात सूर्य असून ऊन पडले असेल अशा वेळी जर पाऊस पडला तर पावसाच्या थेंबांमुळे प्रकाशाचे वक्रीभवन व अंतर्गत परावर्तन होऊन सूर्य ज्या

दिशेला असेल त्याच्या विरुद्ध बाजूला आकाशात अर्धवर्तुळाकार सात रंगांचा पट्टा दिसतो त्याला इंद्रधनुष्य म्हणतात.

Rain gauge (रेन गेज) : पर्जन्यमापक यंत्र

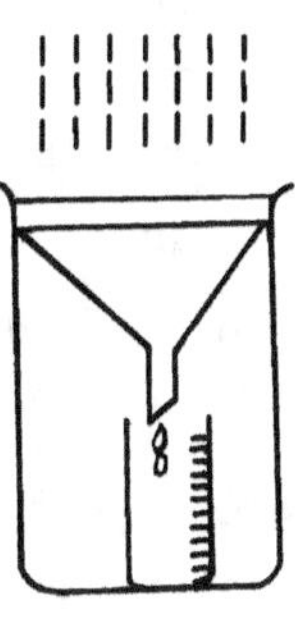

पावसाचे पाणी किती पडले हे मोजण्यासाठी पर्जन्यमापक यंत्र वापरतात. ५ इंच व्यासाचा एक डबा असतो. ह्याच्या झाकणाला चाडीप्रमाणे आकार दिलेला असतो. ह्या चाडीत पडणारे पाणी डब्याच्या आत ठेवलेल्या मोजपात्रात पडते. त्यावर घन सें.मी.च्या खुणा असतात. हे यंत्र मोकळ्या पटांगणात ठेवलेले असते. मोजपात्रात किती घ.सें.मी. पाणी जमा झाले त्यावरून त्या दिवशी किती पाऊस पडला हे सांगता येते.

Rectifier (रेक्टिफायर)

अल्टरनेटिंग करंट पंखे, मोटारी, बल्ब इत्यादी सर्व उपकरणात वापरला जातो; पण काही उपकरणांना मात्र डायरेक्ट करंट लागतो. उदा. बॅटरी चार्ज करण्यासाठी. साधारणपणे आपल्या देशात अल्टरनेटिंग करंट हा विजेचा उलट-सुलट प्रवाह वापरण्यात येतो. पण काही यंत्रांना मात्र एकाच दिशेने वाहणारा डायरेक्ट करंट या वीजप्रवाहाची आवश्यकता असते. अशावेळी ए.सी. करंट पासून डी.सी. करंट तयार करून घ्यावा लागतो. त्यासाठी रेक्टिफायर नावाचे यंत्र वापरतात. प्रथम रेक्टिफायरमध्ये ए.सी. करंट पाठविला की दुसऱ्या टोकाकडील वायरमधून डी.सी. प्रवाह मिळतो.

Reaction (रिॲक्शन) : प्रतिक्रिया

जेव्हा एखादी ए वस्तू, दुसऱ्या बी वस्तूवर एखादे बल लावते त्याचवेळी ती दुसरी वस्तू बी त्याच प्रमाणात पण विरुद्ध दिशेने तेवढेच बल ए ह्या वस्तूवर प्रभावित करते ह्यालाच बी वस्तूची ए वस्तूवर होणारी प्रतिक्रिया म्हटले जाते.

Reflection (रिफ्लेक्शन) : परावर्तन

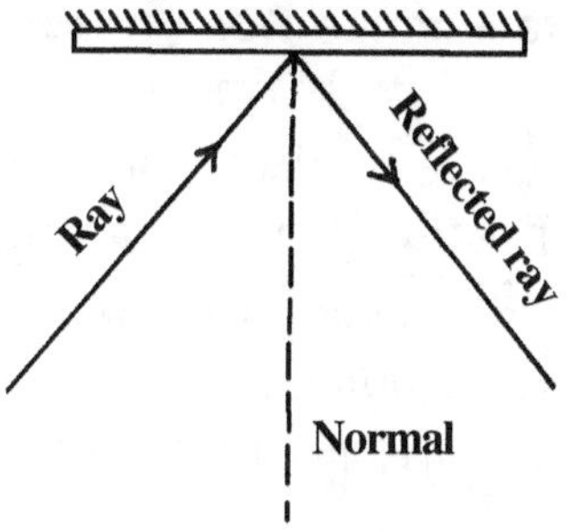

जेव्हा प्रकाशकिरण प्रवास करीत असतात, तेव्हा एखाद्या माध्यमातून दुसऱ्या माध्यमात जात असताना त्यांना जोडणाऱ्या रेषेपासूनच परत फिरत असतील तर ह्या घटनेला त्या किरणांचे परावर्तन झाले असे म्हणतात.

Reflection of light (रिफ्लेक्शन ऑफ लाईट) : प्रकाशाचे परावर्तन

एखाद्या चकचकीत पृष्ठभागावरून प्रकाशकिरणांचे परावर्तन होत असेल तर ते पुढील नियमांप्रमाणे होते.

नियम १ : परावर्तक पृष्ठभागावर एखादा प्रकाशकिरण पडत असेल तर हा किरण, परावर्तन झालेला किरण आणि त्यांच्या स्पर्शबिंदूपासून परावर्तक पृष्ठभागाला काढलेली लंबरेषा एकाच पातळीत असतात.

नियम २ : पतन किरणाने परावर्तक पृष्ठभागाच्या लंबरेषेशी केलेला कोन हा परावर्तन किरणाने केलेल्या कोनाबरोबर असतो; म्हणजेच दोन्ही कोन समान असतात.

Reflector (रिफ्लेक्टर) : परावर्तक

ज्या पृष्ठभागावरून ध्वनीचे आणि प्रकाशकिरणांचे परावर्तन घडून येते त्याला रिफ्लेक्टर म्हणतात. मोटार-कारच्या दिव्यात अंतर्गोल परावर्तक वापरून मागे जाणारा प्रकाश समोरच्या बाजूला फेकला जातो.

Refraction of light (रिफ्रॅक्शन ऑफ लाईट) : प्रकाशाचे वक्रीभवन

ज्या वेळी प्रकाशकिरण एका माध्यमातून दुसऱ्या माध्यमात प्रवेश करतात त्यावेळी ती किंचित वाकतात. याच क्रियेला प्रकाशाचे वक्रीभवन म्हणतात. हवेसारख्या विरळ माध्यमातून काचेसारख्या घन माध्यमात प्रवेश करताना किरण त्या ठिकाणी काढलेल्या लंब रेषेकडे वळतात व काचेमधून हवेत प्रवेश करताना लंब रेषेपासून दूर वळतात.

Refrigerator (रेफ्रिजरेटर) : फ्रीज, शीतकपाट

कपाटाच्या आकाराचे हे उपकरण असते. ह्यामध्ये अनेक कप्पे असतात. त्यातील तापमान ०°C पर्यंत उतरून पाण्याचे बर्फ तयार होते. फळे, अंडी, दूध, भाजीपाला यात ठेवल्यास ते बरेच दिवस ताजे राहते. म्हणून घरगुती वापरासाठी सुद्धा याचा उपयोग करतात. हे उपकरण विजेच्या प्रवाहावर चालते.

Resistance Box (रेझिस्टन्स बॉक्स) : रोधक पेटी

प्रयोगशाळेत हिचा उपयोग करतात. हिच्यामध्ये एबोनाईटच्या फळीवर जाड पितळी ठोकळे किंचित अंतर ठेवून पक्के बसविलेले असतात. प्रत्येक दोन ठोकळ्यांच्या जोडीला एक एक रोधक जोडलेला असतो. हे रोधक अलग अलग क्षमतेचे असतात. दोन ठोकळ्यांच्या खाचेत बसणारा एक एक प्लग असतो. ज्यावेळी विद्युत्मंडलात ० चा रोध लावायचा असतो त्यावेळी प्लग खाचेत दाबून बसवितात. त्यामुळे विद्युत्प्रवाह सरळ जाड, पितळी ठोकळ्यातून निघून जातो. पण

ज्यावेळी आपण प्लग काढून घेऊ त्यावेळी ठोकळे अलग अलग होतील व त्यांना जोडलेला रोध विद्युत्मंडळात जोडला जाईल. अशा प्रकारे ज्या क्षमतेचा रोध विद्युत्मंडळात हवा असेल त्याचा प्लग उपसून काढला की तो रोध आपोपाप विद्युत्मंडळात जोडला जातो.

Resistance in parallel (रेझिस्टन्स इन पॅरलल) : समांतर अवरोध

विद्युत्मंडळाला दोन टोके असतील तर रोधकांची पहिली टोके एका बिंदूला व दुसरी टोके दुसऱ्या बिंदूला जोडली तर अशा जोडणीला रोधकाची समांतर जोडणी म्हणतात. याचे परिणाम रोधक मूल्य पुढील सूत्राने मिळते. परिणामी मूल्य R आहे. तर–

$$\frac{1}{R} = \frac{1}{R_1} + \frac{1}{R_2} + \frac{1}{R_3} + \cdots\cdots\cdots \frac{1}{Rn}$$

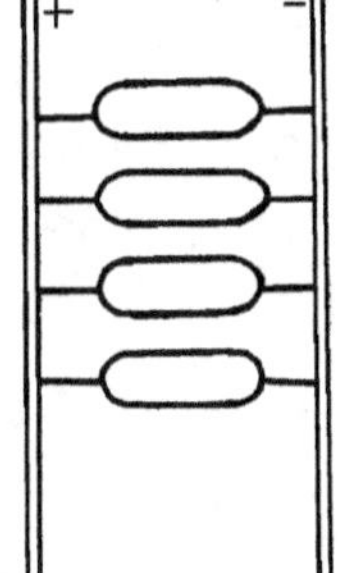

Resistance in Series (रेझिस्टन्स इन सिरीज) : अवरोध मालिका

जेव्हा एका रोधकाचे पहिले टोक विद्युत्मंडळात जोडले असेल व दुसरे टोक पुढील रोधकाच्या पहिल्या टोकाला जोडले असेल, दुसऱ्या रोधकाचे दुसरे टोक तिसऱ्या रोधकाच्या पहिल्या टोकाला व तिसऱ्याचे दुसरे टोक विद्युत्मंडळाला जोडले असेल, तर तिला रोधकाची साखळी-जोडणी म्हणतात. याचे परिणामी रोधक मूल्य पुढील सूत्राने मिळते. $R = R_1 + R_2 + R_3$

Retina (रेटिना) : डोळ्याच्या आतील पडदा

हा डोळ्याच्या आत मागच्या बाजूला असतो. डोळ्याच्या समोरच्या भिंगामुळे या पडद्यावर डोळ्यासमोर असलेल्या वस्तूची उलटी प्रतिमा तयार होते. तिची संवेदना नंतर मज्जातंतूद्वारे मेंदूकडे पाठविली जाते.

Rheostat (ऱ्हिओस्टॅट) : बदलणारा रोधक

एका दंडगोलावर रोधित तारेचे वेटोळे गुंडाळलेले असते. ह्या वेटोळ्यांना घासून मागे पुढे करता येणारा एक ठोकळा असतो. विद्युत्मंडळाचे एक टोक ठोकळ्याला व दुसरे टोक

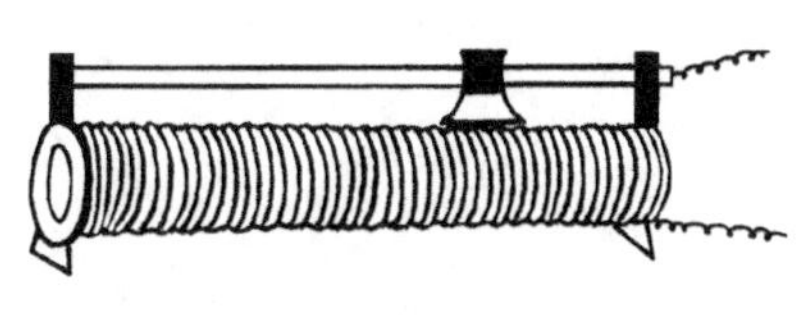

वेटोळ्याच्या एका टोकाला जोडतात. वरचा ठोकळा मागे पुढे सरकवून जेवढा रोध हवा असेल तेवढा रोध मिळविता येतो.

Rocket (रॉकेट) : अवकाश यान

न्यूटनच्या गतीविषयक तिसऱ्या नियमावर आधारित हे यान आहे. एका कप्प्यात घन किंवा द्रवरूप इंधन हे ऑक्सिजनच्या सान्निध्यात पेटविले जाते. त्यामुळे या कप्प्यात खूप दाब तयार होतो. हा दाबाखालील वायू यानाच्या मागच्या बाजूला असलेल्या लहान छिद्रातून बाहेर सोडला जातो. त्यामुळे यानाला मोठा झटका बसून ते समोरच्या दिशेने पुढे जाते व हीच क्रिया सतत चालू असल्यामुळे ते पुढेच जाते. याचा वेग आणखी वाढविण्यासाठी याला आणखी कप्पे जोडलेले असतात.

■

S

Short circuit (शॉर्ट सर्किट) : लघु परिपथ

विद्युत् परिपथात दोन वायर्स असतात. ह्या दोन वायर्स जर एखाद्या तारेने जोडल्या गेल्या तर जास्तीतजास्त विद्युत्प्रवाह याच तारेतून वाहू लागतो. ह्या घटनेला शॉर्ट सर्किट झाले असे म्हणतात.

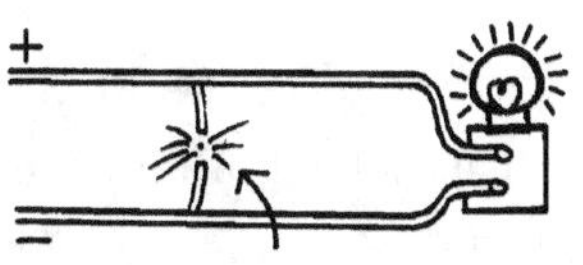

Siphone (सायफन) : वक्रनलिका

उंचावर ठेवलेल्या भांड्यातून द्रव काढण्यासाठी या नळीचा उपयोग होतो. ही एक वाकविलेली नळी असते. तिची एक भुजा आखूड व दुसरी लांब असते. आखूड नळी वरच्या भांड्यातील द्रवात बुडवितात. खालच्या लांब टोकाकडून तोंडाने हवा आत ओढतात. त्यामुळे वरच्या भांड्यातील द्रव नळीवाटे खाली पडू लागतो. जोपर्यंत नळीचे टोक द्रवात बुडलेले आहे तोपर्यंत नळीतून द्रव खाली पडत राहतो.

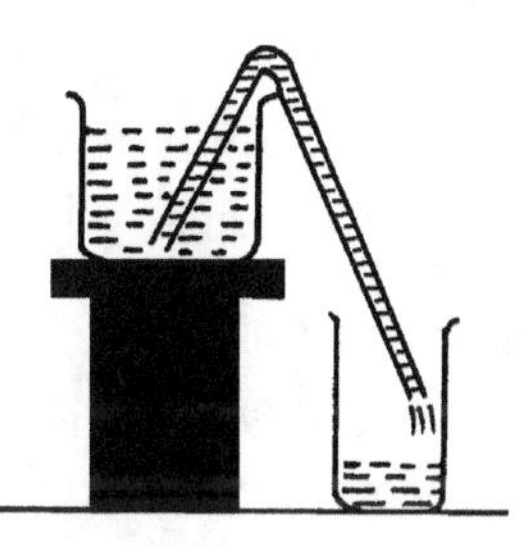

Soft water (सॉफ्ट वॉटर) : मृदू पाणी

ज्या पाण्यात साबणचुरा घालून खळबळले असता भरपूर फेस तयार होतो अशा पाण्याला मृदू पाणी म्हणतात.

Solar heater (सोलर हिटर) : सौरतापक

सूर्यप्रकाशाच्या साहाय्याने पाणी किंवा इतर पदार्थ तापविण्याच्या यंत्राला सौरतापक म्हणतात. उदा. सूर्यचूल, सोलर वॉटर हिटर.

Solenoid (सोलीनॉइड) : चुंबकनळी

एका कमी त्रिज्येच्या पण लांबीला मात्र जास्त असलेल्या पोकळ नळीवर रोधित तारेचे अनेक वेढे गुंडाळलेले असतात. ह्या नळीत एखादा लोखंडी खिळा ठेवला आणि वेटोळ्यातून D.C. विद्युत्प्रवाह पाठविला तर तो लोखंडी खिळा चुंबकीय गुणधर्म दाखवू लागतो.

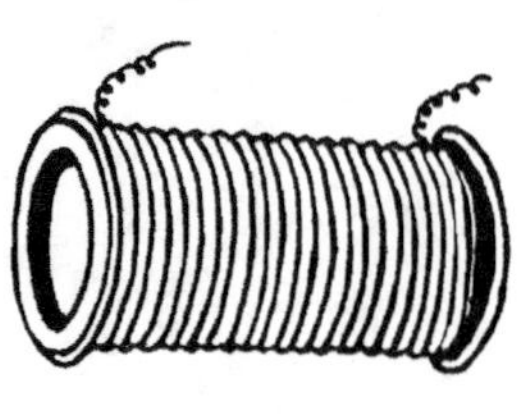

Stator (स्टेटर)

विद्युत् जनित्र किंवा विद्युत् मोटार यामध्ये दोन भाग असतात. एक भाग स्थिर असतो व दुसरा भाग फिरत असतो. जो भाग स्थिर असतो त्याला स्टेटर म्हणतात. जो भाग फिरतो त्याला आर्मेचर किंवा रोटर म्हणतात.

Steam engine (स्टीम इंजीन) : वाफेचे यंत्र

पाणी तापविले असता त्याची वाफ बनते. ह्या वाफेच्या अंगी शक्ती असते हे प्रथम जेम्स वॅट या शास्त्रज्ञाने दाखवून दिले. नंतर सिलेंडर, पिस्टन व झडपा यांची योजना करून स्टीफनसन या शास्त्रज्ञाने पहिले वाफेचे इंजीन तयार केले. ह्यात सुधारणा होत होत आगगाडी ओढणारे इंजीन तयार झाले. तसेच मोठमोठ्या गिरण्या, कारखाने चालविणारी वाफेची इंजिने तयार झाली. वाफेच्या इंजिनामध्ये वाफेच्या जोरावर पिस्टन मागे पुढे होतो. ह्या सरळ रेषीय गतीचे वर्तुळाकार गतीत रूपांतर करून वाफेचे इंजीन तयार केले जाते.

Sextant (सेक्सटंट) : सूर्ययंत्र

या उपकरणाच्या साहाय्याने आपण जेथे पोहोचू शकत नाही किंवा जी वस्तू आपल्यापासून बरीच दूर आहे अशा वस्तूची उंची मोजण्यासाठी उपयोग होतो. त्या वस्तूचा डोळ्यांशी होणारा कोन मोजून त्रिकोनमितीय सूत्राच्या साहाय्याने त्या वस्तूची लांबी किंवा उंची मोजता येते.

Solar cell (सोलर सेल) : सौर घट

सौर ऊर्जेचे रूपांतर विद्युत् ऊर्जेमध्ये करणारा हा घट आहे. सिलेनियम धातूच्या चकत्यांपासून हा तयार करतात. अशा अनेक तबकड्या एकमेकींना जोडून सौर बॅटरी तयार होते व तिच्यावर पाण्याचे पंप, दिवे चालतात. तसेच अवकाशयानातसुद्धा याचा वापर केला जातो.

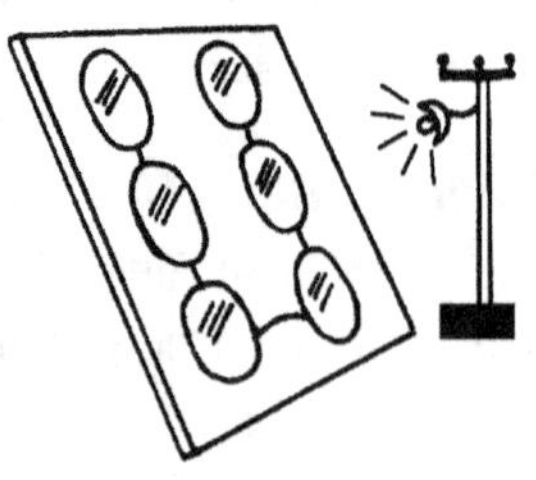

Spark (स्पार्क) : ठिणगी

कमी-जास्त विद्युत्भार असलेले दोन विद्युत्भारित पदार्थ जवळ जवळ आले तर जास्त विद्युत्भार कमी विद्युत्भाराकडे ओढला जातो. ही क्रिया घडत असताना तेथे ठिणगी पडते. खूप मोठा विद्युत्भार घेऊन जाणारे ढग जेव्हा एकमेकांजवळ येतात तेव्हा त्यांच्यात ठिणगी उत्पन्न होऊन मोठा प्रकाश पडतो व आवाजाचा गडगडाट होतो. यालाच आपण विजेचा गडगडाट झाला असे म्हणतो.

Spark plug (स्पार्क प्लग)

पेट्रोलवर चालणारी इंजिने स्पार्क प्लगशिवाय चालूच शकत नाहीत. इंजिनाच्या सिलेंडरमध्ये पेट्रोल व हवेचे मिश्रण दाबले जाते. त्याचवेळी प्लगमध्ये ठिणगी तयार होते त्यामुळे मिश्रण पेट घेते व त्याचा दाब वाढल्याने सिलेंडरमधील पिस्टन जोराने लोटला जातो व इंजीन सुरू होते.

Spectrum (स्पेक्ट्रम) : वर्णपट

पांढरा प्रकाश हा सात रंग मिळून बनलेला आहे हे न्यूटन या शास्त्रज्ञाने दाखवून दिले. ह्या सात रंगांचा जो पट्टा उमटतो त्याला वर्णपट म्हणतात. त्रिकोनी प्रिझममधून पांढरा प्रकाश पाठविला तर दुसऱ्या बाजूला सात रंगांचा वर्णपट मिळतो.

Stepdown Transformer (स्टेपडाऊन ट्रान्सफॉर्मर) : अवरोहित्र

हा ट्रान्सफॉर्मरचा एक प्रकार आहे. जेव्हा उपलब्ध दाबाच्या विद्युत्प्रवाहापासून आपणास कमी दाबाचा विद्युत्प्रवाह हवा असतो त्यावेळी ह्या ट्रान्सफॉर्मरचा उपयोग करतात.

Stereoscope (स्टीरिओस्कोप) : त्रिमितीदर्शक

एकाच दृश्याचे कॅमेऱ्याने दोन फोटो काढतात. पहिला फोटो काढल्यानंतर कॅमेरा २ सें.मी. बाजूला सरकवून त्याच दृश्याचा दुसरा फोटो काढतात. हे दोन्ही फोटो जवळजवळ चिकटवून त्यांच्याकडे विशिष्ट भिंगातून पाहिले असता फोटोला खोली असल्याचा भास होतो. बाजारात मिळणारे 'व्ह्यू मास्टर' नावाचे खेळणे याच तत्त्वावर आधारलेले आहे.

Stroboscope (स्ट्रोबोस्कोप)

एखादी वस्तू किंवा चक्र सारख्या गतीने फिरत असेल तर या यंत्रातून ते पाहिल्यास आपणास स्थिर दिसते.

Sublimation (सब्लिमेशन) : संप्लवन

कोणताही घन पदार्थ तापविला असता प्रथम त्याचे द्रवात रूपांतर होते व नंतर

त्याची वाफ होते. पण या क्रियेत मात्र घन पदार्थाचे एकदम वाफेत रूपांतर होते. याचे उदाहरण म्हणजे नवसागर. नवसागराला उष्णता दिली असता त्याचे एकदम वायूमध्ये रूपांतर होते. वाफ थंड केली की एकदम घन नवसागरात रूपांतर होते.

Sun (सन) : सूर्य

हा खूप मोठा तारा आहे. याच्यापासून आपणास प्रकाश आणि उष्णता मिळते. पृथ्वीपासूनचे याचे अंतर जवळपास ९३ मिलीयन मैल आहे. साधारपणे याचा आकार गोल आहे. याचे वस्तुमान $२×१०^{२७}$ टन असून त्याची त्रिज्या ४३२०५० मैल आहे. याच्या वरील पृष्ठभागाचे तापमान ६०००°C आहे व आतील तापमान १३ मिलीयन °C आहे. याच्यावर सतत हैड्रोजन वायूचे हेलियम वायूमध्ये रूपांतर होत असते. त्यामुळे निर्माण होणारी ऊर्जा इतर ग्रहांना मिळते.

Surface tension (सरफेस टेन्शन) : पृष्ठताण

द्रवाच्या पृष्ठभागावर असलेल्या कणावर द्रवांतर्गत कणांच्या आकर्षणामुळे जो परिणाम दिसून येतो त्याला पृष्ठताण म्हणतात. द्रवाच्या पृष्ठभागाखालील कणावर सर्व बाजूंनी आकर्षण चालू असल्याने तेथे तो परिणाम दिसत नाही, परंतु पृष्ठभागातील कणावर खालून व कडेने आकर्षण असून वरचा भाग जवळजवळ मुक्त असतो. त्यामुळे पृष्ठभागाकडील कण एकमेकांकडे व द्रवांतर्गत भागाकडे खेचले जातात. त्यामुळे द्रवाचा पृष्ठभाग एखाद्या लवचिक पापुद्र्याप्रमाणे दिसतो. या परिणामाला पृष्ठताण असे म्हणतात. जमिनीवर पारा सांडला, की त्याच्या गोल गोळ्या बनतात. साबणाच्या पाण्याचे फुगे उडविल्यास त्याचे गोल फुगे बनतात.

$$\boxed{\textbf{T}}$$

Telegraph (टेलीग्राफ) : तारायंत्र

मोर्स कोडच्या सांकेतिक चिन्हाने तारेच्या साहाय्याने एका ठिकाणाहून दुसऱ्या ठिकाणी संदेश पाठविण्याच्या यंत्राला तारायंत्र म्हणतात.

Telephone (टेलीफोन) : दूरध्वनी

एका ठिकाणाहून दुसऱ्या ठिकाणी असणाऱ्या व्यक्तीशी या यंत्राच्या साहाय्याने संभाषण करता येते. यात बोलण्यासाठी कार्बन मायक्रोफोन असतो. त्यात बोललेल्या आवाजाचे विद्युत्लहरीत रूपांतर होते. ह्या लहरी तारेच्या साहाय्याने दूरच्या ठिकाणी पाठविल्या जातात. तेथे रिसीव्हर असतो. त्याच्यात ह्या लहरी पोहोचल्यानंतर तेथील विद्युत्चुंबकात फिरतात. त्यामुळे चुंबकासमोर असलेला पातळ लोखंडी पडदा कंप पावतो व त्यातून ध्वनी ऐकू येतो.

Telescope (टेलीस्कोप) : दूरदर्शक

ह्या दुर्बिणीच्या साहाय्याने आकाशातील ग्रह, ताऱ्यांचे निरीक्षण करता येते. यात समोरच्या बाजूला लांब केन्द्रान्तराचे बहिर्गोल भिंग बसविलेले असते व मागच्या बाजूला डोळ्याने पाहण्यासाठी आखूड केन्द्रातराचे बहिर्गोल भिंग बसविलेले असते. दूरच्या वस्तू मोठ्या आणि जवळ दिसण्यासाठी या दुर्बिणीचा उपयोग करतात.

Terminal (टर्मिनल) : जोडबिंदू

यंत्राला ज्या ठिकाणी विद्युत्वाहक तार जोडतात त्या बिंदूला टर्मिनल म्हणतात. टर्मिनल्स दोन असतात. विद्युत् वाहून आणणाऱ्या तारांची टोके यांना जोडली की, यंत्र चालू होते.

Thermal Expansion (थर्मल एक्स्पान्शन) : औष्णिक प्रसरण

एखाद्या वस्तूला उष्णता दिली तर त्या वस्तूच्या लांबी, रुंदी व जाडीत काही फरक पडून ती वस्तू प्रसरण पावते. ह्या प्रसरणाला औष्णिक प्रसरण म्हणतात.

Television (टेलीव्हिजन) : दूरचित्रवाणी

या यंत्राद्वारे दूरच्या ठिकाणाहून प्रक्षेपित केलेल्या घटना, संगीत, बातम्या आपण घरात बसून पाहू व ऐकू शकतो. ज्या घटनेचे प्रक्षेपण करावयाचे आहे त्या घटनेचे ध्वनिचित्रमुद्रण करून त्याचे विद्युत्लहरींत रूपांतर करून त्या लहरी चारही दिशांना प्रक्षेपित केल्या जातात. दूरचित्रवाणी ह्या लहरी पकडून त्यांचे पुन्हा ध्वनी व चित्रात रूपांतर करते व आपणास ती घटना प्रत्यक्ष पाहता व ऐकता येते.

Terminator (टर्मिनेटर)

चंद्राची एक बाजू कायम सूर्याकडे आहे व दुसऱ्या बाजूला कायमचा अंधार आहे. सूर्याकडील बाजूवर प्रकाश पडलेला आहे. ज्या ठिकाणी अंधार व प्रकाश यांचा जोड झाला आहे, त्या रेषेला टर्मिनेटर असे म्हणतात.

Thermometer (थर्मामीटर) : तापमापक

द्रव पदार्थाचे, घन पदार्थाचे, वायुरूप पदार्थाचे तापमान मोजण्यासाठी वापरल्या जाणाऱ्या उपकरणाला तापमापक म्हणतात. ही एक पोकळ काचेची नळी असून हिच्या खालच्या बाजूला एक फुगा असतो. त्यात पारा भरतात. नळीचे छिद्र केसाप्रमाणे बारीक असते. पारा भरल्यावर वरचे तोंड बंद करून टाकतात. फुगा बर्फात बुडवून पारा जेथे स्थिर होईल तेथे ०°C ची खूण करतात. त्यानंतर नळीचा फुगा उकळणाऱ्या पाण्याच्या वाफेत ठेवतात. त्यामुळे पारा प्रसरण पावून वर चढतो, तेथे १००°C ची खूण करतात. दोन खुणांमधील जागेचे समान १०० भाग करतात. ज्या पदार्थाचे तापमान माहिती करून घ्यावयाचे आहे त्यात तापमापकाचा फुगा बुडविल्यावर पारा ज्या खुणेवर स्थिर होईल त्या समोरील अंक पाहून त्या पदार्थाचे तापमान कळते.

Time exposure (टाईम एक्सपोजर)

कॅमेऱ्यातील फिल्मला प्रकाश दाखविण्याचा हा एक प्रकार आहे. ज्या ठिकाणी अंधार आहे त्या ठिकाणचे फोटो काढण्यासाठी कॅमेरा स्टँडवर पक्का करून त्याचे शटर उघडे करून ठेवावे लागते व आपल्या मनाजोगता वेळ दिल्यावर ते बंद करावे लागते. त्यामुळे अंधुक प्रकाश बराच वेळपर्यंत फिल्मवर पडल्यामुळे त्या वस्तूचा फोटो निघतो.

Torricellian Vacuum (टॉरीसेलीयन व्हॅक्युम) :
टॉरीसेलीचा निर्वात प्रदेश

एक मीटरपेक्षा लांब, एक तोंड बंद असलेल्या काचेच्या पोकळ नळीत पूर्ण पारा भरला व तोंडावर बोट ठेऊन नळी उलटी करून पारा असलेल्या वाटीत नळी उभी धरली व बोट काढून घेतले तर नळीतील काही पारा खाली उतरतो. हे

वायुभारमापक यंत्र तयार झाले. वाटीतील पाण्याच्या पातळीपासून नळीतील पाण्याच्या पातळीपर्यंतचे अंतर म्हणजे त्या ठिकाणी असणारा हवेचा दाब होय. नळीतील पारा खाली घसरल्यामुळे वर जी पोकळी तयार होते, तिच्यात पाण्याची वाफ असते. ह्या पोकळीला 'टॉरीसेलीचा निर्वात प्रदेश' म्हणतात, कारण सर्वांत प्रथम टॉरिसेली नावाच्या शास्त्रज्ञाने हे यंत्र तयार केले होते.

Total Internal Reflection (टोटल इंटर्नल रिफ्लेक्शन) : पूर्ण अंतःस्थ परावर्तन

प्रकाशकिरण जेव्हा घन माध्यमातून विरळ माध्यमात प्रवेश करतात तेव्हा प्रवेश बिंदूपाशी काढलेल्या लंबरेषेपासून दूर वळतात, पण ज्यावेळी त्यांचा वळण्याचा कोन हा ९० अंशापेक्षा मोठा होतो त्यावेळी ते विरळ माध्यमात न जाता पुन्हा घन माध्यमात प्रवेश करतात. याच कारणामुळे वाळवंटात पाणी असल्याचा भास होतो व हरणे पाण्याच्या शोधासाठी तिकडे धाव घेतात व फसतात. वाळवंटातील ह्या चमत्काराला 'मृगजळ' असे म्हणतात.

Transformer (ट्रान्सफॉर्मर) : रोहित्र

या उपकरणाच्या साहाय्याने विद्युत्प्रवाहाचा दाब आपणास हवा तेवढा करता येतो. मात्र त्यासाठी वाहणारा विद्युत्प्रवाह हा ए.सी. प्रकारचा असावा लागतो.

Transmitter (ट्रान्समीटर) : प्रक्षेपक

या उपकरणाने विद्युत्चुंबकीय लहरी हवेत पाठवून त्या रेडिओ किंवा टी.व्ही.पर्यंत पोहोचविल्या जातात. टेलिफोनवरील बोलणे लहरीत रूपांतर करणाऱ्या यंत्राला सुद्धा ट्रान्समीटर म्हणतात. टेलीग्राफ यंत्रातील संदेश पाठविणाऱ्या यंत्राला सुद्धा ट्रान्समीटर म्हणतात.

Transparent (ट्रान्सपरंट) : पारदर्शक

ज्या पदार्थातून प्रकाशकिरण काहीच उडथळा न होता पलीकडे जाऊ शकतात, त्याला पारदर्शक पदार्थ म्हणतात.

Turbine (टर्बाइन) : पात्यांचे चक्र

परिघावर पाते लावलेले एक चक्र असते. जेव्हा वारा, पाणी, वाफ किंवा द्रव पदार्थांचा जोरदार फवारा या पात्यावर पडतो त्यावेळी संपूर्ण चाक फिरू लागते. यालाच टर्बाइन फिरू लागले असे म्हणतात.

Turbo generator (टर्बो जनरेटर)

एखादे विद्युत्जनित्र वाफेच्या टर्बाइनला जोडले व त्यापासून जर विद्युत्प्रवाह तयार केला तर त्याला टर्बो जनरेटर म्हणतात.

Tweeter (ट्यूटर)

लाऊड स्पीकरमधील भागाला ट्यूटर असे म्हणतात. घुंगरासारखे बारीक आवाज ऐकू येण्यासाठी लाऊड स्पीकरसोबत याची योजना करतात.

Titration (टायट्रेशन) : निर्बलीकरण

या प्रयोगात ऑसिड व अल्कली यांची परस्परांवर क्रिया करून क्षार व पाणी तयार होते. एखाद्या माहीत असलेल्या तीव्रतेच्या ऑसिडला निर्बल करण्यास किती अल्कली लागते हे प्रयोगाने ठरवून त्यावरून सूत्राच्या साहाय्याने त्या अल्कलीची तीव्रता शोधून काढावी लागते.

■

Ultraviolet Radiation (अल्ट्राव्हायोलेट रेडिएशन) :
अतिनील किरणोत्सर्ग

सूर्यप्रकाशाचे पृथक्करण केल्यास सात रंगांचा वर्णपट मिळतो. शेवटचा रंग जांभळा असतो, पण त्यापलीकडे डोळ्याला न दिसणारा अतिनील किरणाचा पट्टा असतो. अतिनील किरणे कातडीवर पडली तर कातडीचे रोग, कर्करोग होण्याची शक्यता असते. सूर्यग्रहणाच्या वेळी यांचा प्रभाव जास्त असतो. डोळ्याच्या पडद्याला इजा होऊ नये म्हणून काळ्या रंगाच्या चष्म्याने सूर्यग्रहण पाहण्यास सांगतात.

Universal Motor (युनिव्हर्सल मोटार)

हा विद्युत मोटारीचा एक प्रकार आहे. ही मोटार एकाच दिशेने वाहणाऱ्या डी.सी. प्रवाहावर चालते. त्याचबरोबर उलट सुलट वाहणाऱ्या ए.सी. प्रवाहावर चालते.

Ultra Short (अल्ट्रा शॉर्ट) : अतिलघु

ज्या विद्युत चुंबकीय लहरीची लांबी १० मीटरपेक्षा कमी आहे त्यांना अतिलघु लहरी असे म्हणतात.

Uranium (युरेनियम)

हा अतिशय किरणोत्सर्गी पदार्थ आहे. याचा उपयोग अणुभट्ट्यांमध्ये होतो. चांदीप्रमाणे हा पांढरा आहे. U_3O_8 च्या स्वरूपात हा सापडतो. याचा उकळण्याचा बिंदू ३८१८°C आहे. केरळमध्ये त्रावणकोरच्या परिसरात मोझाईट नावाच्या रेतीमध्ये हा सापडतो. अणुभट्टीत जाळून यापासून अणुशक्ती तयार करण्यात येते.

Upthrust (अपश्रस्ट) : प्लावक बल

जेव्हा एखादा पदार्थ द्रव पदार्थात बुडत असतो, त्यावेळी त्याला वर लोटणारे एक बल असते ते त्याला सारखे लोटत असते. पदार्थाने जेवढ्या आकारमानाचे पाणी बाजूला सारले असेल त्याच्या वजनाइतके बल त्या पदार्थाला वर लोटत असते.

Vaccum (व्हॅक्युम) : पोकळी

अशी पोकळ जागा की, जिच्यामध्ये अणु नाहीत व परमाणू सुद्धा नाहीत.

Vaccum Pump (व्हॅक्युम पंप) : निर्वात पंप

भांड्यातील हवा काढून घेण्यासाठी या पंपाचा उपयोग करतात. त्यामुळे त्या भांड्यातील हवेचा दाब कमी होतो.

Van De Graaff Generator (व्हॅन डी ग्राफ जनरेटर)

प्रयोगशाळेत विद्युत्‌विषयक काही प्रयोग करताना स्थिर विद्युत्‌ची आवश्यकता असते. अशा वेळी ह्या जनरेटरचा उपयोग होतो. हे जनरेटर हाताने फिरविता येते. त्याला फिरवून जास्त दाबाची स्थिर विद्युत् जमा करता येते. नंतर तिचा उपयोग करता येतो.

Vapourization (व्हेपोरायझेशन) : बाष्पीभवन

एखाद्या घन किंवा द्रव पदार्थाला गरम केले आणि त्याचे रूपांतर वायुमध्ये किंवा वाफेत झाले तर ह्या क्रियेला बाष्पीभवन म्हणतात.

Vernier (व्हर्नीअर)

हे उपकरण म्हणजे एका पट्टीवर दुसरी पट्टी सरकते. ही पट्टी सरकवून स्केलवरील भागांचे आणखी होणारे लहान लहान भाग मोजता येतात.

Voltage stabilizer (व्होल्टेज स्टॅबिलायझर)

टी.व्ही., फ्रिज अशी महागडी उपकरणे विजेवर चालतात. विजेचा दाब कमी-जास्त झाला तर या उपकरणांतील यंत्रणा बिघडू शकते किंवा उपकरणाला हानी पोहोचू शकते; अशावेळी हे उपकरण टी.व्ही. किंवा फ्रिजला जोडतात. याला विद्युत्प्रवाह घेणाऱ्या व विद्युत्प्रवाह बाहेर सोडणाऱ्या तारा असतात. विद्युत्प्रवाह ग्रहण करणाऱ्या तारेतून विजेचा प्रवाह कमी-जास्त प्रमाणात जरी आला तरी एका

ठरावीक दाबाचाच विद्युत्प्रवाह बाहेर सोडला जातो. त्यामुळे त्याला जोडलेली उपकरणे सुरक्षित राहतात.

Voltaic cell (व्होल्टाइक सेल) : व्होल्टाचा घट

हा प्राथमिक विद्युत्घटाचा एक प्रकार आहे. यामध्ये एका पदार्थाच्या द्रावणात अलग अलग प्रकारच्या दोन धातूंच्या पट्ट्या बुडविलेल्या असतात. त्यांच्यावर द्रावणाची रासायनिक क्रिया होऊन वीजप्रवाह तयार होतो. हा वीजप्रवाह पट्ट्यांच्या वरच्या टोकांना वायर जोडून आपणास उपयोगात आणता येतो.

Voltmeter (व्होल्टमीटर) : दाबमापक

विद्युत्मंडळातील व्होल्टेज मोजण्यासाठी या उपकरणाचा उपयोग होतो. हे विद्युत्प्रवाहदर्शक यंत्र असून त्यात जास्त रोध असलेला रोधक साखळी पद्धतीने जोडलेला असतो. व्होल्टमीटर नेहमी विद्युत्मंडळात समांतर जोडणीने जोडतात. त्यामुळे जोडलेल्या दोन बिंदूंमधील दाब मोजता येतो.

Vibration (व्हायब्रेशन) : कंपन

एका सर्वसाधारण स्थितीच्या, मागे-पुढे फिरणाच्या एकसारख्या गतीला व्हायब्रेशन म्हणतात.

Vitamin (व्हिटॅमिन) : जीवनसत्त्व

शरीर निरोगी राहण्यासाठी, सर्व अवयवांचे व्यवहार अगदी व्यवस्थित चालण्यासाठी अन्न, पाणी, क्षार यांच्याबरोबर जीवनसत्त्वाची अत्यंत आवश्यकता असते. याच्या कमतरतेमुळे शरीराला व्याधी होऊ शकतात. जीवनसत्त्वाचे अनेक प्रकार आहेत. प्रत्येकाचा उपयोगसुद्धा अलग अलग प्रकारचा आहे. त्यांपैकी काही जीवनसत्त्वे पुढे दिलेली आहेत.

जीवनसत्त्व A : हे जीवनसत्त्व लोणी, अंडी, दूध, टोमॅटो ह्या पदार्थांत असते. याच्यामुळे त्वचा चांगली राहते व शरीराचा विकास होतो. दृष्टी चांगली राहते व रातांधळेपणा दूर होतो.

जीवनसत्त्व B1 : बटाटा, अंडी, फळे यांत हे जीवनसत्त्व असते. याच्यामुळे भूक वाढते, निराशा कमी होते आणि बेरीबेरी नावाच्या रोगाला अटकाव होतो.

जीवनसत्त्व B2 : हे जीवनसत्त्व अंडी, हिरवा भाजीपाला, दूध यांत असते. याच्यामुळे कातडी आणि स्नायू निरोगी राहतात आणि शरीरवाढीला मदत होते.

जीवनसत्त्व B6 : हिरव्या पालेभाज्या व यकृतात हे सापडते. याच्यामुळे मनातील नैराश्य व निद्रानाश नाहीसा होतो.

जीवनसत्त्व B12 : हे जीवनसत्त्व मांस, यकृत व मूत्रपिंडात असते. याच्या

अभावामुळे पेलाग्रा हा रोग होऊ शकतो.

जीवनसत्त्व C : हिरवा भाजीपाला, टोमॅटो, कोबी, लिंबू यांत हे जीवनसत्त्व असते. याच्यामुळे हाडे, दात व हिरड्या मजबूत होतात. हृदयाचे स्नायू नियमित होतात. याच्या अभावाने स्कर्व्ही हा रोग होतो.

जीवनसत्त्व D : हे जीवनसत्त्व लोणी, अंडी, माशाचे तेल यांत सापडते. सूर्यप्रकाशामुळे कातडीत हे तयार होते. यामुळे दात व हाडे मजबूत होतात. अभावाने रिकेट्स नावाचा रोग होतो.

जीवनसत्त्व E : दूध आणि मांस ह्यांत हे जीवनसत्त्व असते. याच्या अभावामुळे लाल रक्तपेशी नष्ट होतात व ॲनिमिया नावाचा रोग होतो.

जीवनसत्त्व K : हे जीवनसत्त्व अंडी, हिरवा भाजीपाला, दूध व दुधापासून बनविलेले पदार्थ यांत असते. याच्यामुळे रक्त लवकर गोठते व होणारा रक्तस्राव लवकर थांबतो.

Volcano (व्होल्कॅनो) : ज्वालामुखी पर्वत

पृथ्वीच्या पोटातील उकळता, पेटता रस जेव्हा एखाद्या पर्वतातून बाहेर पडतो त्यावेळी गरम वायू, तप्त लालभडक लाव्हा रस आणि राख त्यात असते. हा गरम लाव्हा रस पर्वतावरून ओघळून खाली येत असताना ठिकठिकाणी थंड होता होता त्याचे खडक तयार होतात. त्यांना अग्निजन्य खडक म्हणतात.

Voltaic pile (व्होल्टाइक पाईल) : व्होल्टाची चिती

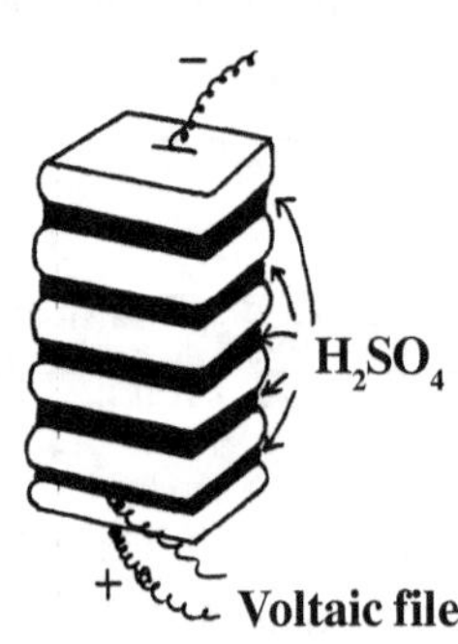

अगदी सुरुवातीच्या काळातील हा बॅटरीचा एक प्रकार होता. यामध्ये तांब्याच्या व जस्ताच्या धातूच्या चकत्या एकावर एक आलटून पालटून ठेवलेल्या असतात. दोन पट्ट्यांच्यामध्ये सल्फ्युरिक ॲसीडमध्ये भिजविलेल्या कापडी पट्ट्या ठेवलेल्या असतात. पहिल्या आणि शेवटच्या चकतीला तार जोडली की विद्युत्प्रवाह मिळू शकतो.

Vulcanization (व्हल्कनायझेशन)

उष्णता आणि गंधक यांच्या साहाय्याने टायर दुरुस्त करण्याच्या क्रियेला व्हल्कनायझेशन म्हणतात.

Water barometer (वॉटर बॅरॉमीटर) : पाण्याचे वायुभारमापक यंत्र

वायुभारमापक यंत्रात नेहमी पारा वापरतात, पण पाणी भरून सुद्धा वायुभारमापक यंत्र तयार होऊ शकते. पण वापरण्यास, ने-आण करण्यास ते सोईचे नसते. कारण पाऱ्याची घनता 13.6 असून पाण्याची घनता 1 आहे. पाऱ्याचे वायुभारमापक यंत्र साधारणपणे 1 मीटर लांबीचे असते, पण पाण्याचे वायुभारमापक यंत्र तयार करण्यास 14 मीटर लांबीची नळी लागेल. तिच्यात पाणी भरण्यास, तिला उलटी उभी करण्यास व तिचे निरीक्षण करण्यास फारच गैरसोईचे होईल, म्हणून नेहमी वायुभारमापकात पाराच वापरतात.

Water gas (वॉटर गॅस) : जलवायू

लालभडक तापविलेल्या कोकवरून पाण्याच्या वाफेचा प्रवाह पाठविला तर आपणास वॉटर गॅस मिळतो. यामध्ये कार्बन मोनॉक्साईड व हैड्रोजन यांचे १:१ या प्रमाणात मिश्रण असते. हैड्रोजन तयार करणाऱ्या कारखान्यात तसेच जळण म्हणून याचा उपयोग होतो.

टीप : कोक हे कार्बनचे (कोळशाचे) कठीण रूप आहे. टॉर्च सेलमध्ये मध्यभागी जी उभी काळी कांडी असते, ती कोकपासून बनविलेली असते.

Welding (वेल्डिंग) : जोडकाम

जेव्हा दोन धातू किंवा एकाच धातूचे दोन तुकडे एकमेकांना जोडायचे असतात, त्यावेळी उच्च तापमान देणारी ज्योत वापरतात. उदा. ऑक्सि-ॲसिटिलीन ज्योत. दोन तुकडे एकमेकांना चिकटवून त्यांना ह्या ज्योतीने लाल होईपर्यंत गरम करतात व एक धातूचा गज वितळवून त्याचा थर जोडावर लावला की जोडकाम पूर्ण होते.

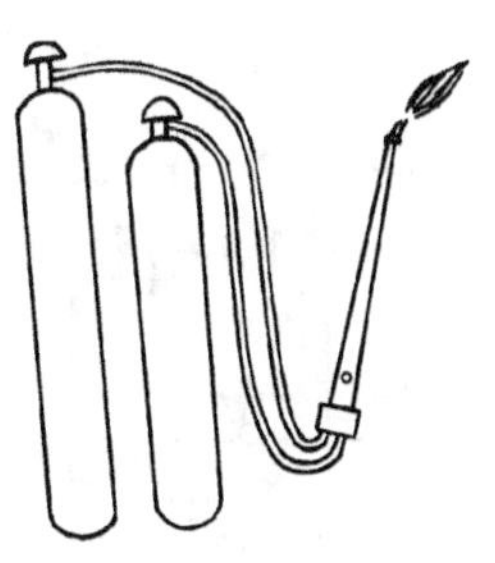

Wheatstone bridge (व्हिटस्टोन ब्रीज)

एखादा रोध मोजण्यासाठी तयार केलेले हे एक उपकरण आहे. खाली दाखविल्याप्रमाणे याची रचना असते. P, Q, R हे रोधक माहीत आहेत पण S ची किंमत माहिती नाही. अशावेळी विद्युत्प्रवाह सुरू केला तर गॅल्व्हनोमीटरचे विचलन O होईपर्यंत R हा रोधक फिरवावा. ह्यावेळी

$$\frac{P}{Q} = \frac{R}{S}$$ या सूत्राने S ची किंमत काढता येते.

Wet and dry hygrometer (वेट ऑण्ड ड्राय हायग्रोमीटर) :
आर्द्रतामापक

या आर्द्रतामापक यंत्रात दोन थर्मामीटर्स जवळ जवळ लावलेले असतात. त्यांपैकी एका थर्मामीटरच्या फुग्याभोवती जाळीचा कपडा गुंडाळलेला असतो व खाली एक पाण्याने भरलेली शिशी असते, त्यामुळे थर्मामीटर सतत ओला असतो. दोन्ही थर्मामीटर्समधील निरीक्षणे घेऊन त्यांची तुलना केली असता हवेतील ओलाव्याची स्थिती कळते.

Wide angle lens (वाईड अँगल लेन्स)

कॅमेऱ्याला लावण्याच्या भिंगाचा हा एक प्रकार आहे. ज्यावेळी एखादे दृश्य चौकटीत मावत नसेल व कॅमेरा मागे सरकण्यास जागा नसेल अशा वेळी हे भिंग कॅमेऱ्याच्या समोर लावतात. त्यामुळे दृश्याचा कॅमेऱ्याच्या भिंगाशी होणारा कोन मोठा होतो व कॅमेऱ्याने त्याच ठिकाणी राहून त्या पूर्ण दृश्याचा फोटो काढता येतो.

Wimshurst Machine (व्हीमशर्ट मशीन)

मोठ्या प्रमाणात स्थिर विद्युत् तयार करण्यासाठी ह्या मशीनचा उपयोग होतो. यामध्ये दोन तबकड्या एकमेकींच्या विरुद्ध दिशेने फिरतात. घर्षणामुळे जी विद्युत् तयार होते ती धातूच्या कंगव्याद्वारे जमा केली जाते. प्रयोगशाळेत हिचा उपयोग होतो.

Woulfe bottle (वुल्फ बॉटल)

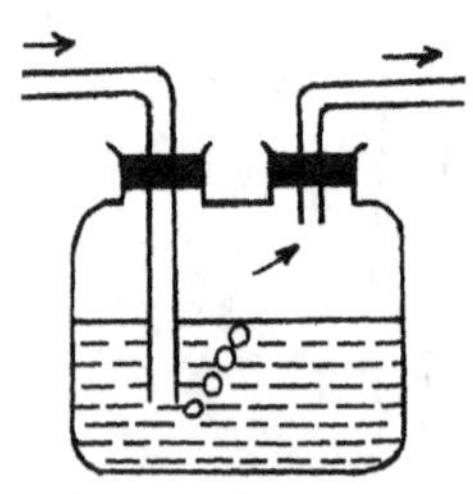

ही एक काचेची शिशी असते. हिला वरच्या बाजूला शेजारी शेजारी दोन तोंडे असतात. हिच्यात द्रव पदार्थ भरतात व एका छिद्रातून वायू पाठवून दुसऱ्या छिद्रातून तो वायू उपयोगात आणतात.

Wind mill (विंड मील) : पवनचक्की

ज्या ठिकाणी जोराचे वारे वाहतात, त्या ठिकाणी पवनचक्क्या वापरल्या जातात. मोठ्या पात्याचे पंखे उंच टॉवरवर लावतात. हवेने ते फिरतात. त्यांची गती खाली आणून त्यापासून विहिरीतील पाणी उपसणे, वीज निर्माण करणे अशी कामे करून घेतली जातात. पूर्वीच्या काळी हिच्या साहाय्याने धान्य दळण्याचे काम होत असे. तेव्हापासून हिला पवनचक्की असे नाव पडले आहे. हॉलंडमध्ये खूप पवनचक्क्या आहेत. आपल्या भारतातसुद्धा पवनचक्क्यांचा वापर काही ठिकाणी सुरू झाला आहे.

Weather cock (वेदर कॉक) : पवनकुक्कुट

वारा कोणत्या दिशेकडून कोणत्या दिशेने वाहत आहे हे दाखविणारे हे उपकरण आहे. उंच इमारतीवर हे यंत्र बसविलेले असते. चार दिशा दाखविणारे चिन्ह त्याला असते. त्यांच्या मध्यभागी एका पायावर उभ्या असलेल्या कोंबड्याचे चित्र असते. हा स्वत:भोवती फिरू शकतो. जिकडून हवा येत असते, त्या दिशेकडे याचे तोंड असते.

Water turbine (वॉटर टर्बाइन) : पाणचक्की

पाण्याच्या प्रवाहाच्या जोरावर या यंत्रातील पाते असलेले चाक फिरते. ह्या चाकाची गती इतर यंत्रांना देऊन वीज तयार करणे, धान्य दळून घेणे किंवा इतर कामे करून घेता येतात. मोठमोठ्या जलविद्युत्केंद्रात मोठमोठ्या पाणचक्क्या असतात.

Whirl-pool (व्हर्लपूल) : पाण्यातील भोवरा

पाण्याच्या प्रवाहात एखादा खड्डा पडल्यास त्यात पाणी खूप जोराने जाऊ लागते व त्या गतीमुळे त्या पाण्याला गोल गती प्राप्त होते व त्या खड्डयाच्या ठिकाणी पाणी गोल गोल फिरून तळाशी जाते. या गोल फिरणाऱ्या पाण्यात एखादी वस्तू गेली तर तिला बाहेर निघणे कठीण होते.

Wireless (वायरलेस) : बिनतारी संदेश

पूर्वी संदेश पाठविण्यासाठी तारायंत्राचा उपयोग करीत. यात विजेच्या साहाय्याने तारेमधून संदेश जात असे, पण रेडिओचा शोध लागल्यापासून तारेची गरज संपली

व हवेतून विद्युत्लहरी पाठवून संदेश देता येऊ लागले.

Whirligig (व्हर्लिगिग) : भिंगरी

वाऱ्याच्या झोताच्या जोरामुळे फिरणाऱ्या कागदाच्या छोट्या पंख्याला भिंगरी म्हणतात. काही ठिकाणी याला भिरभिरे म्हणतात. चौरस कागदापासून ही तयार करतात. लहान मुले खेळणे म्हणून याचा उपयोग करतात.

Xerography (झीरोग्राफी) : झेरॉक्स

ही फोटो किंवा मजकूर उमटविण्याची एक वेगळी पद्धत आहे. हिच्यात कोणतेही रसायन वापरले जात नाही. विद्युत्च्या साहाय्याने कागदावर फोटो किंवा मजकूर विद्युत्भारीत केला जातो व त्यावर विद्युत्भारीत शाईची पूड टाकण्यात येते व मूळ फोटोबरहुकूम फोटो किंवा मजकूर उमटतो.

X-ray (एक्स रे) : क्ष-किरण

विद्युत्चुंबकीय किरणांचा हा एक प्रकार आहे. यांची तरंगलांबी फार कमी असते. ते मांसल भागातून आरपार जाऊ शकतात; पण हाडाला मात्र अडतात. अपघातात अवयवाच्या आत असणारे हाड मोडले किंवा काय ते पाहण्यासाठी याचा उपयोग होतो. या किरणाचा शोध विल्यम व्हॉन रॉटजेन या शास्त्रज्ञाने १८९५ साली लावला.

Year (इयर) : वर्ष

सूर्याभोवती पृथ्वी भ्रमण करते. ह्या भ्रमणाचा एक वेढा पूर्ण करण्यास तिला जितका वेळ लागतो त्या काळास एक वर्ष असे म्हणतात. एका वर्षात ३६५ दिवस असतात. लीप इयर दर चार वर्षांनी येते.

Yield point (यील्ड पॉईंट)

जेव्हा एखादी तार किंवा दांडा ताण देऊन ओढला जातो, त्यावेळी एक वेळ अशी येते की, ताण देऊन ओढता ओढता ती तार किंवा दांडा आपली मूळ स्थिती सोडून एकदम लांब होतो. ह्यावेळी थोडा जरी ताण दिला तरी त्याची लांबी जास्त वाढते.

Yoke (योक)

हा एक चुंबकीय पदार्थापासून बनलेला तुकडा असतो. याच्यामुळे चुंबकीय मंडळ पूर्ण होते. ह्याच्यावर कोणत्याच प्रकारचे चुंबकीय वेटोळे गुंडाळलेले नसते.

Young's double slit experiment (यंग्स डबल स्लिट एक्सपरिमेंट)

एखाद्या स्त्रोतापासून येणारे प्रकाशकिरण दोन समांतर भेगांवर पाडले तर प्रत्येक भेगेमुळे पडद्यावर अलग अलग प्रतिमा ह्या वेगवेगळ्या स्त्रोतांपासून निघालेल्या प्रकाशकिरणांनी बनलेल्या असतात.

Yard (याड) : वार

लांबी मोजण्याचे हे जुने माप आहे. त्याला वार किंवा यार्ड म्हणतात. ३ फुटांचा एक यार्ड होतो. दुकानात कापड घेताना कापड मोजण्यासाठी याचा उपयोग करीत.

Yeast (यीस्ट)

याच्या मिश्रणामुळे साखरेचे रूपांतर अल्कोहोल व कार्बनडायऑक्साईडमध्ये होते. याचा उपयोग अल्कोहोल तयार करण्याच्या कारखान्यात आणि बेकींग उद्योगात होतो.

Z

Zero gravity (झीरो ग्रॅव्हिटी) : वजनरहित अवस्था

जेव्हा एखाद्या पदार्थाला वजन नसते अशी ही अवस्था आहे. जेव्हा दोन पदार्थ एकमेकांपासून अनंत अंतरावर असतील तेव्हा त्यांच्यात कोणतेच गुरुत्वाकर्षणीय बल राहत नाही, त्वरण बल किंवा इतर कोणतेही बल राहत नाही, तेव्हा त्या पदार्थाला ही अवस्था प्राप्त होते.

Zoom lens (झूम लेन्स)

एखाद्या दृश्याचा फोटो घेताना फोटो चौकटीत येण्यासाठी कॅमेरा पुढे किंवा मागे न्यावा लागतो. पण झूमलेन्स कॅमेऱ्याला त्याच ठिकाणी ठेवून समोरील दृश्यच मागे पुढे करता येते व फोटो काढता येतो.

Zeppelin (झेपलीन) : विमानाचा एक प्रकार

हैड्रोजन भरलेले बलून्स वापरून मानवाने हवेत संचार केला पण बलूनला दिशा नव्हती. जिकडे वारा नेईल तिकडे ते जावयाचे. अशा वेळी झेपलीनचा शोध लागला. वायू भरून तरंगणारे हे विमान आपल्या मनाप्रमाणे वळविता येत असे, तरी त्याचा व्यवहारात उपयोग होत नव्हता. केवळ गंमत म्हणून त्याला वापरत असत.

■

वाचनातून विज्ञान

डी. एस्. इटोकर

बुद्धिमान मनुष्य शास्त्रज्ञ कसा होतो,
याचे उत्तम गमक म्हणजे घटनांवर विचार करून, 'असे का?' 'असे का?'
करता-करता विश्लेषणाचा एक एक पैलू खोदून शेवटापर्यंत जाणे. म्हणजे
एक नेत्रदीपक अंतिम सिद्धांत तयार होतो. तो सिद्धांत या भूतलावर
'नोबेल पारितोषिक' मिळवून देतो.

प्रत्येक घटना घडण्याजोगे काही ना काहीतरी शास्त्रीय कारण असते.
ते जर माहीत नसले, 'तर ती घटना कशी घडली', याचे गूढ कायम राहते.
ते जाणून घेण्याची जिज्ञासा उत्पन्न होते. ही जिज्ञासा काही अंशी पूर्ण
व्हावी, म्हणून हा लेखनप्रपंच केला आहे.

विज्ञान म्हणजे मौज आहे हे सांगणारा
१२ पुस्तकांचा संच

चला,
प्रयोग करू या !

मीना किणीकर

---

* उर्जा
* उष्णता
* अन्न
* परिस्थितीशास्त्र
* रसायने
* हवा

* पदार्थ
* अवकाश
* हवास्थिती
* गती : चलन
* ध्वनी
* मोजमाप

अंतर्मनातील प्रकाशाच्या शोधाने उजळणाऱ्या स्वप्रकाशरूपा नोबेल
विजेत्या सर्व स्त्रियांची एकत्रित समग्र माहिती देणारे जगातील
एकमेव पुस्तक सर्व प्रथम मराठी भाषेत

नोबेल ललना

मीरा सिरसमकर

आपल्या अंतर्मनात लागलेल्या प्रकाशाच्या शोधाने
उजळणाऱ्या या सर्व स्वप्रकाशरुपा. प्रत्येकीचे कार्यक्षेत्र वेगळे.
प्रत्येकीचे कर्तुत्व वेगळे; परंतु कर्म हीच तृप्ती हा
समाधानाचा मंत्र जपल्यामुळे आंतरिक शांती, आत्मविश्वास
आणि आनंद त्यांतील प्रत्येकीलाच लाभलेला.
जगातील सर्वोच्च समजला जाणारा नोबेल पुरस्कार
त्यांना मिळाला खरा; पण त्यांनी पाहिलेल्या स्वप्नांकडे
आणि ध्येयाकडे वाटचाल करणारा त्यांचा प्रवास
कोणत्याही पुरस्काराच्या क्षितीजापार होता.